U0011709

零花費、零恢復期的

最強保養法

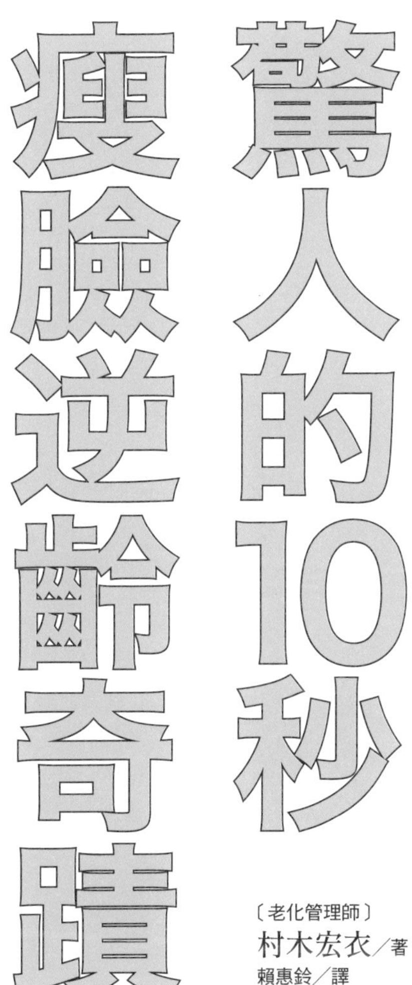

〔老化管理師〕
村木宏衣／著
賴惠鈴／譯

十秒就能緊實法令紋、上眼皮、輪廓線！

減齡5歲、改善顯老線條的驚人變化

改善白髮和掉髮

按壓頭部穴道，改善身心不適的小毛病

放鬆背部和頸部，頭部按摩效果UP！

減輕臉部紋路，打造小臉逆齡的生活習慣

揉揉頭部筋膜，改善惱人的初老線條

最近覺得法令紋愈來愈明顯、魚尾紋愈來愈礙眼、輪廓線愈來愈鬆弛……這其實是頭部僵硬緊繃的訊號！我們的臉和頭，是由肌肉與筋膜構成，頭部一旦緊繃，肌肉或筋膜的伸展範圍及血液循環受到限制，就會削弱拉提臉部肌肉的力量，造成鬆弛或皺紋等現象，也會讓臉上的凹洞或斑點更加明顯。

頭部緊繃的原因，出在姿勢不良、牙齒咬合太用力……等，長時間使用電腦或手機、不讓眼睛休息的人，頸部、背部到頭部的肌肉可能會硬得跟石頭沒兩樣，除此之外，壓力也是很大的原因。

請摸摸自己的頭皮，可以用手指抓起來嗎？最理想的頭皮狀態，是跟額頭一樣柔軟，應該很多人只能勉強抓起幾公厘吧！

我的美容沙龍除了臉部保養外，還加入獨家的村木式「頭部按摩」，同時保養頭部和臉部，即使只做一次，也能讓雙眼炯炯有神、緊實臉部線條，效果相當驚人。

本書的內容就是我在美容沙龍中為客人施做「頭部按摩」的方法精華，不只解決臉部問題，從筋膜的原理出發，有效地消除造成頭部緊繃的原因，是我獨家研發的手法技術。

效果雖然因人而異，但通常只要做一個療程，就算只有十秒左右，就有很多人充分感受到頭臉的緊繃、緊張感獲得緩解，並有血液循環順暢、臉部線條緊實的效果。此外，書中還會教各位減輕臉上紋路的按摩手法和部位，結合兩種手法，看上去彷彿瞬間逆齡回春一般！

頭部按摩不僅可以預防白髮或掉髮等等頭髮的問題，還能進一步緩解身體不適、心情緊張的狀態。倘若你已經努力做臉、護髮，卻還看不到效果，或是總覺得身體哪裡緊緊卡卡、不太舒服的話，試試看連續做幾天「小臉逆齡奇蹟按摩法」，養成習慣後，相信你一定會感到驚人的改變。

\ 自我檢測 /

你的頭部筋膜，是否很緊繃？

想知道自己的頭部筋膜是不是很緊繃，可以透過以下四個簡單的自我檢測。現在就確認看看，很多人根本不知道自己頭部的筋膜有多緊、應該要趕快按摩放鬆喔！

☑ 無法用手指抓起頭皮

將大拇指與食指立在頭頂，試著以往中間集中的方式抓起頭皮。頭皮和額頭其實應該要一樣軟才對。如果抓不起來、硬到動彈不得，就表示頭皮太緊繃了。

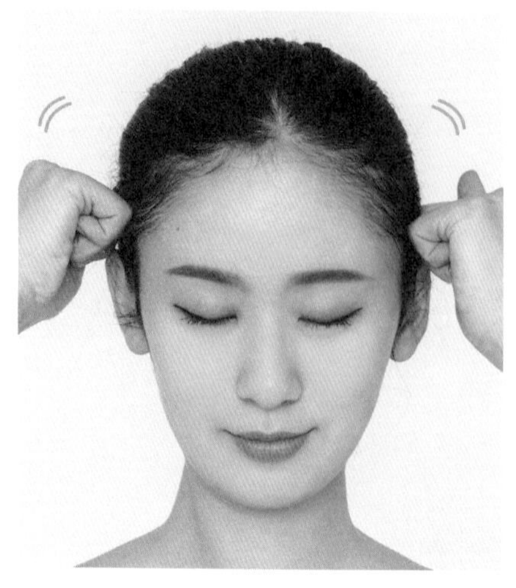

☑ 用拳頭在髮際線或眉心上按壓時會痛

雙手握拳，用平坦的那一面按壓，以邊畫圓邊滾動的方式按摩，如果按摩時會痛，就表示已經有僵硬或浮腫的問題。

☑ 輕撫頭皮的觸感是軟綿綿的

相反地，頭皮失去彈性、軟綿綿的話也是頭部緊繃的訊號。如果頭皮可以抓起來，可是會痛，就表示已經有浮腫的問題。

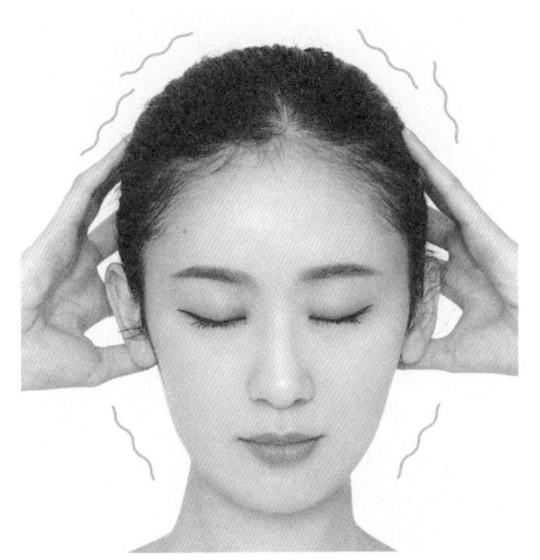

☑ 額頭或頭頂、後頸的髮際線左右兩邊突出／左右形狀不一

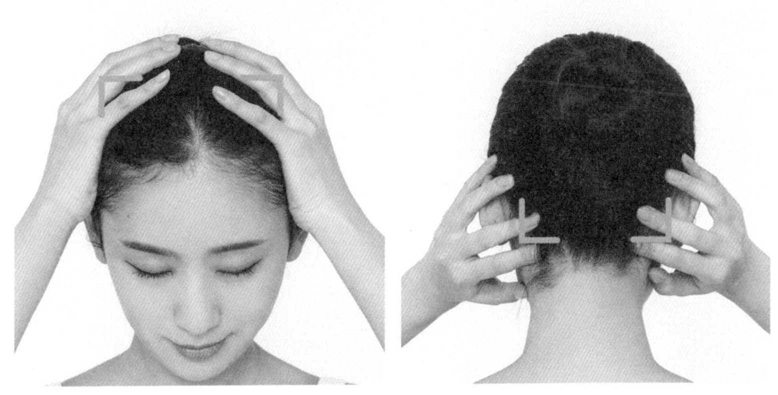

頭部本來應該是圓滾滾的形狀，一旦太緊繃，就會拉扯到頭蓋骨，導致歪斜，造成邊緣或後頸的髮際線左右兩邊往外突出，形狀不平整。

！只要有一項打勾
就表示頭太緊繃了！

頭部筋膜緊繃，就會出現「三大鬆弛部位」！

臉部的皮膚和肌肉，是由頭部的肌肉與筋膜構成

額肌

帽狀腱膜

枕肌

顳肌

臉看起來顯老，最大的原因就是臉頰、上眼皮和輪廓線這三個部位太鬆弛。這三個部位一旦鬆弛，就會給人憔悴的印象。

而這三大部位鬆弛的原因，多半是因為頭部筋膜太緊繃。臉部的肌肉與頭部相連接，當覆蓋在頭頂的帽狀腱膜過於緊繃，就撐不住臉部的肌肉，導致鬆弛；而當臉部的肌肉過於僵硬，就會產生鬆弛或產生皺紋等連鎖反應。

接著就來一一揭曉，是什麼原因導致頭部緊繃，造成了「三大鬆弛部位」。

三大鬆弛部位 1

臉頰鬆弛〈法令紋〉

顳肌太緊繃！

「顳肌」是位在耳朵上方的大面積肌肉，與臉頰及嘴邊的肌肉相連結。一旦僵硬緊繃，臉頰及嘴角就會下垂，形成法令紋。

顳肌緊繃的原因不外乎用眼過度、臼齒咬得太緊、壓力太大等等。臉頰會因此往旁邊拉，喪失拉提肌肉的力量，導致鬆弛下垂。

一旦緊繃，臉頰就會鬆弛

臉頰或下巴的動作變遲鈍

整個臉頰及嘴角鬆弛下垂

鬆弛的交界處會形成法令紋

臉頰或嘴角的動作變得不順暢，導致整個臉頰鬆弛下垂。臉頰的肉一旦下垂，就會形成法令紋，嘴角也會下垂，看起來更顯老態。

Check！

養出法令紋的NG習慣

- ☑ 過度使用手機、電腦，有老花眼的人
- ☑ 工作需要非常專心的人
- ☑ 睡覺時不自覺地咬緊牙關的人

三大鬆弛部位 2

上眼皮鬆弛

額肌、帽狀腱膜太緊繃！

額肌是覆蓋在額頭上的肌肉，帽狀腱膜則是覆蓋在頭頂的筋膜，與眉毛及眼睛的肌肉相連，一旦過於緊繃，眉毛和上眼皮就會容易下垂。

如果用眼過度或是有很多心事，額肌容易處於緊張、感到僵硬，導致上眼皮提不太起來；習慣用額頭的肌肉撐開上眼皮也是造成緊繃的原因。

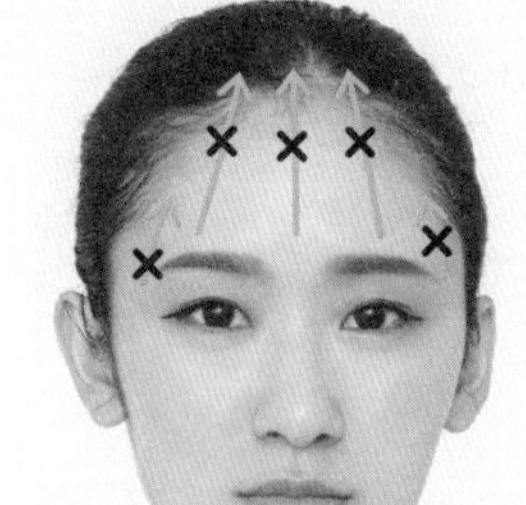

喪失拉提眼皮的力量

一旦緊繃，上眼皮就會鬆弛

上眼皮鬆弛，看起來眼睛變小

上眼皮一旦鬆弛，雙眼就會顯得無神，導致眼睛看起來比較小，還會產生魚尾紋，也會養成用額頭的肌肉打開上眼皮的習慣，就連額頭也產生抬頭紋。

Check！

上眼皮下垂的NG習慣

- ☑ 過度使用手機、電腦，有老花眼的人
- ☑ 不自覺地用額頭的肌肉睜開眼睛
- ☑ 個性過於認真，愛操心，總是充滿煩惱

三大鬆弛部位 3

輪廓線鬆弛

後腦勺太緊繃！

枕肌位於後腦勺下方、後頸的髮際線之處，是將整張臉往後拉，拉提臉部的肌肉。一旦緊繃，臉部的輪廓線就會看起來鬆垮下垂。

長時間以前傾、俯首埋頭的姿勢辦公，或是用眼過度，導致枕肌緊繃，從頭頂或兩側拉提臉龐的力氣就會變小。

失去將整張臉從前面往後拉緊的力量

一旦緊繃臉部輪廓就會鬆弛

整張臉鬆弛下垂

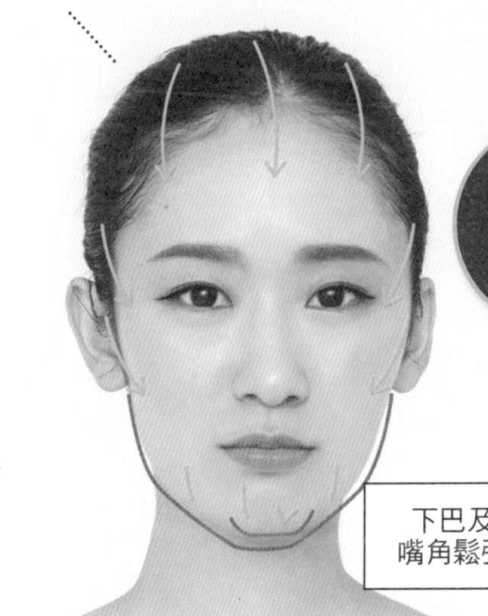

下巴及嘴角鬆弛

從額頭到眼角，再從側面到臉頰、下巴周圍整個下垂，導致輪廓線鬆弛，感覺臉變大，也很容易堆出雙下巴。

Check!

堆出雙下巴的NG習慣

- ☑ 姿勢不佳、駝背的人
- ☑ 長時間以同樣姿勢使用手機、電腦的人
- ☑ 脖子、肩膀很容易僵硬的人

獨家按摩法，
10秒就能緊實臉部線條！

獨家的村木式「頭部按摩」法，可以有效改善前述三個頭部筋膜緊繃的問題，與一般的頭部按摩，最大的差別在於「直接對肌肉施力」。從肌肉深處放鬆頭部筋膜，讓肌肉恢復彈性，從根本解決頭蓋骨的歪斜、頭皮或臉的鬆弛問題。

除此之外，按摩頭部還能打通血液及淋巴的循環，皮膚也會變好。在我的美容沙龍裡，只要用此手法按壓十秒，就能出現肉眼可見的拉提效果。如果加上直接對臉部肌肉施力的「臉部按摩」，效果會更好。

理由 1

「垂直按摩」，恢復肌肉彈性

利用指腹垂直按壓、對肌肉施加壓力，從深處按壓肌肉，以細微的動作放鬆頭皮。不同於拉扯頭皮表層，與撫摸無異的一般頭部按摩，可以恢復肌肉本身的彈性，所以能從根本改善臉部的鬆弛問題。

理由 2

搭配臉部按摩，效果加倍

臉　　頭

做好「頭部按摩」就能有明顯的效果，若能配合「臉部按摩」，在臉上看起來顯老的部位進行按壓，更能迅速感到臉部拉提的效果，持久性也更好。

「只做一次，帽子就小一號」

「拉提眼皮，雙眼皮更深邃，眼睛也變大了」

體驗者的驚人感受回饋！

村木式的「頭部按摩」可以改善臉上「看起來顯老的訊號」，能放鬆肌肉、調整骨骼，讓血液和淋巴的循環更好，不僅立即見效，還能帶來通體舒暢的效果。

經常可以聽到來我的美容沙龍接受按摩的客人說：「只做一次，輪廓就變緊實了，臉也小了一圈。」「消

「才十秒鐘，臉部就明顯地緊實不少」

還有這些功效！

「視力提升了0.5」

「想法變得很積極」

「從此睡得很熟」

除水腫，就連頭都小了一號。」有人因此能熟睡、心情也變得開朗，也有人持續接受按摩，視力有了明顯的改善。

只要掌握住重點，村木式「頭部按摩」其實很簡單，請務必試試看。

體驗者好評不斷，做一次就能年輕五歲！

以下三位體驗者，都為了臉頰鬆弛、線條鬆垮，「看起來顯老」而煩惱；實際做了三種「頭部放鬆」後，臉部樣貌都有明顯的改變。只做一次，就能看到表情變得神采奕奕、充滿精神，看起來也比實際年齡年輕許多。

Case 01 五官立體有神，臉色明亮

M 小姐

有五個小孩，每天都忙著工作、做家事，幾乎沒有餘力保養，很煩惱鬆弛的雙下巴與脖子上的皺紋。

\ 超有感體驗 /

「頭一放鬆，身體馬上變得很暖和。感覺整張臉變得俐落多了。」鬆弛的下巴線條也獲得改善，脖子看起來比以前更修長，眼睛也炯炯有神。

Before

眼角下垂給人蒼老的印象

法令紋十分明顯

臉頰鬆垮

雙下巴也很明顯

頸紋很明顯

After

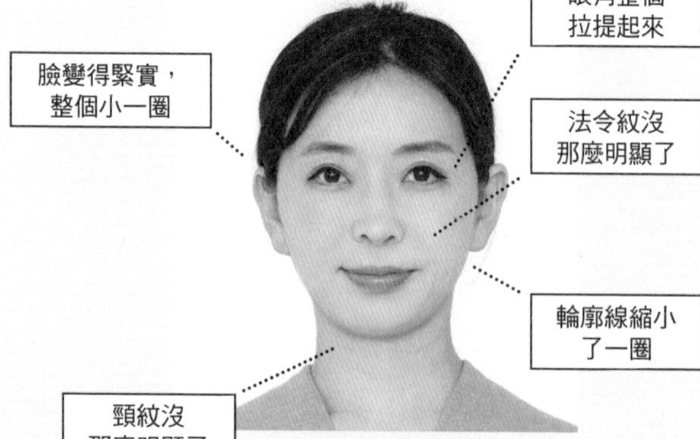

Case 02 臉頰恢復彈性，整張臉都緊實拉提了！

I 小姐

長時間對著電腦工作，用眼過度，很煩惱臉頰鬆垮失去彈性，看起來臉被拉長了。

＼超有感體驗／

「放鬆兩邊的頭部之後，感覺臉頰恢復彈性，笑容也比較自然。」輪廓線變得緊實，臉頰又高又挺。眼睛也變大了，眼角顯得俐落。

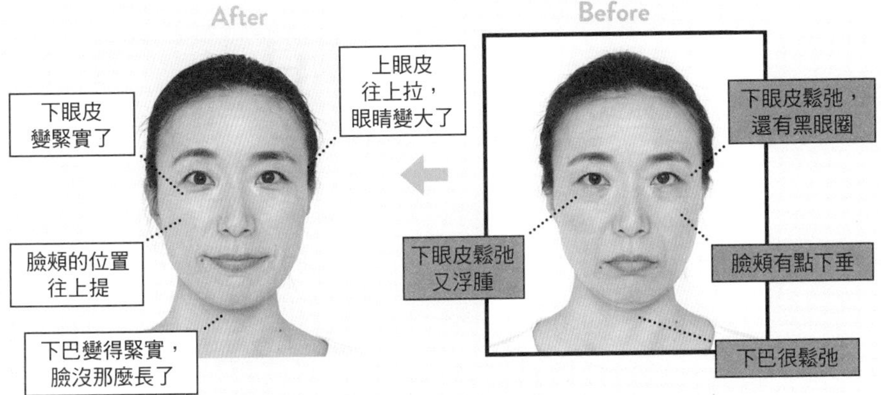

Case 03 改善嘴角下垂，臉色勻襯、表情開朗

F 小姐

整天都坐在辦公桌前工作，肩頸僵硬，很煩惱嘴角下垂、臉部鬆弛的問題。

＼超有感體驗／

「放鬆頭部後，嘴角上揚了，法令紋也變淡了，讓我大吃一驚。」歪斜下垂的臉和鬆弛的下巴也都回正上提了。

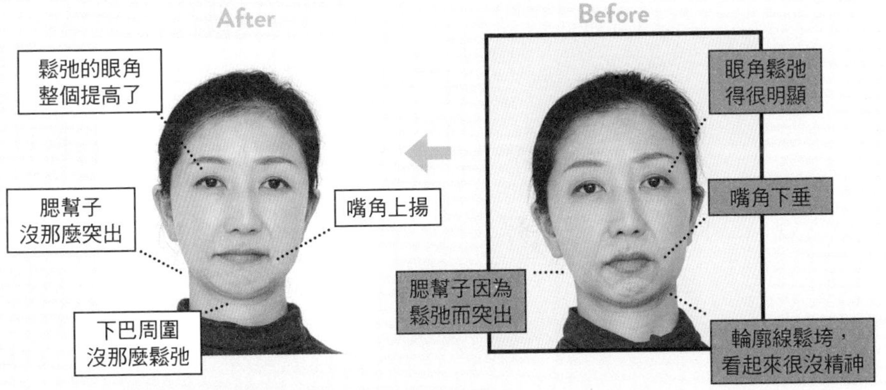

PART 1

改善 三大鬆弛 部位
的頭部按摩

十秒就能緊實
法令紋、上眼皮、輪廓線！

每天利用「頭部按摩」，改善看起來顯老的三大鬆弛部位，
再配合「臉部按摩」，更能有－10 歲的逆齡效果！

注意按摩手法，效果更好！

讓頭皮徹底放鬆，解除緊繃的 3 種手法

1 運用指腹

重點在於運用指腹，而不是指尖；這樣按壓起來比較輕鬆，也不會傷及頭皮的皮膚。

2 手指垂直、確實地下壓到肌肉

垂直地對肌肉施加壓力，從深處放鬆肌肉。但不是拉扯頭皮喔！

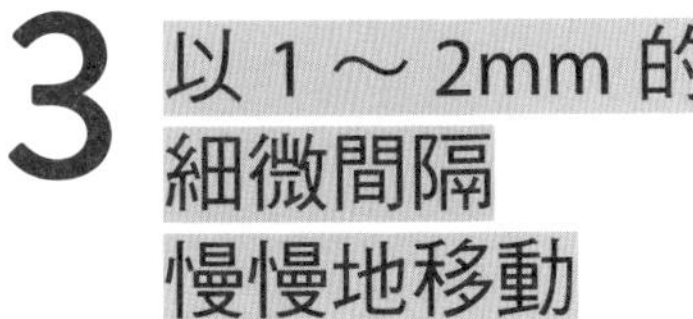

3 以 1 ～ 2mm 的細微間隔慢慢地移動

垂直施加壓力後，無需改變手指的位置，而是以細微的間隔慢慢地按摩放鬆。請想像成是要鬆開緊緊黏在頭蓋骨上的肌肉，而不是以迅速滑動手指的方式加壓，這點要特別注意！

NG！

X 手指在皮膚上滑動
X 用力拉扯肌肉或皮膚
X 用指尖或指甲按摩

〈法令紋〉

臉頰明顯的鬆弛會讓你看起來比實際年齡更老，當臉頰的肉鬆弛下垂形成的溝槽就稱為法令紋。藉由放鬆緊繃的顳肌，可以迅速取回拉提臉頰的力量。

臉頰鬆弛的原因

顳肌太緊繃 P13

↓

下巴不會動了，嘴角下垂

立刻改善！見P28

臉頰提不起來

立刻改善！見P26

↓

整個臉頰都往下垂

臉頰肉的邊緣形成皺褶
變成法令紋

形成法令紋的其中一項主因，在於耳朵上方的顳肌太緊繃。現代人使用3C產品，造成眼睛疲勞，以及壓力大、不自覺咬緊牙關的習慣等等，都會導致顳肌緊繃。當臉頰鬆弛，與嘴角的邊緣形成線條皺褶，就成了深刻的法令紋。

顳肌連接臉頰及下巴的肌肉，這個部位一旦緊繃，拉提臉部的力量就會變差，使得臉頰緩緩下垂。這也會影響到下巴，讓嘴巴不容易張開、開合度變小，使得嘴角下垂。從放鬆拉提整張臉的顳肌開始，讓顳肌恢復彈性，再配合按摩臉部，打通卡住的淋巴系統，讓臉部緊實起來吧！

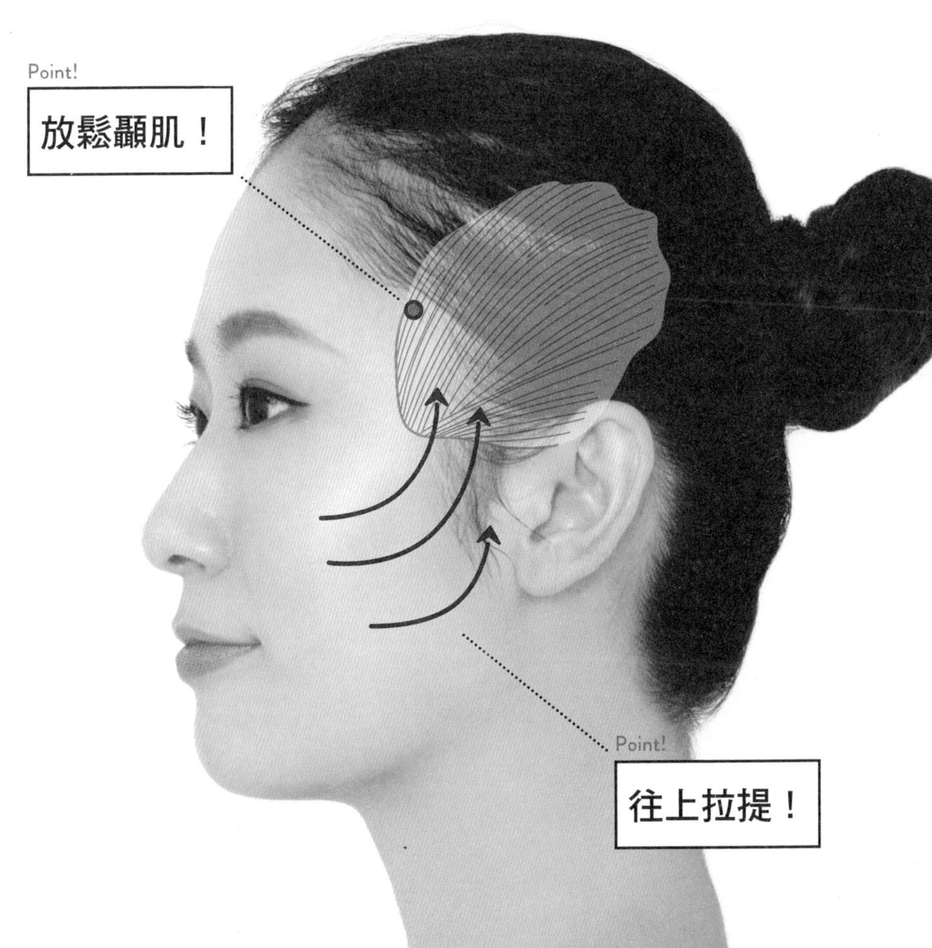

頭部按摩

改善臉頰鬆弛

〈法令紋〉

恢復顳肌的彈性，增加拉提的力道

顳肌位在耳朵的上方，是讓臉頰拉提往上的重要肌肉；跟著圖解，現在就開始放鬆緊繃的部位吧！

Point!

對太陽穴上方的骨頭施力

1 大拇指放在太陽穴上，其餘的指頭抓住後腦勺

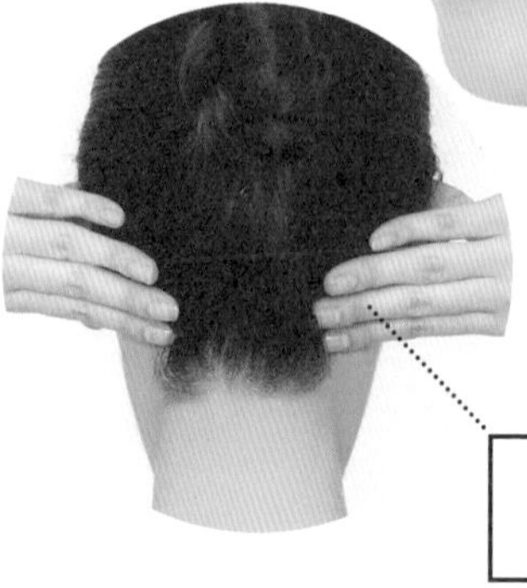

把兩邊大拇指分別放在左右太陽穴凹下去的地方，轉動手腕，用其他的手指固定住後腦勺，像是用雙手包住頭的下半部。大拇指用力往上拉提，彷彿要把整顆頭提起來。

Point!

將手指固定在後腦勺

2 張大嘴巴，發出「啊嗨啊嗨」的聲音

以大拇指用力地把頭往斜上方拉，張大嘴巴，發出「啊嗨啊嗨」的聲音，臉要朝向正前方。

5個地方
×
10秒

3 大拇指輪流按壓 5 個點

大拇指的位置，要輪流放在圖中的 5 個地方，重複 1 ～ 2 的動作。動下巴的時候，透過大拇指感覺肌肉在動。

臉部按摩

拉提臉頰線條

〈法令紋〉

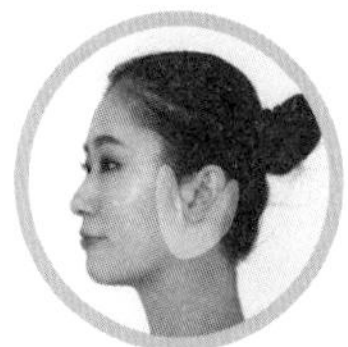

以畫 V 字的手法按摩耳朵前後，促進淋巴循環

耳朵有很多淋巴結，一旦循環不良就會讓臉部浮腫，使得臉頰及下巴緊繃，所以要加強按摩。

1 把兩根手指放在耳朵前面

把食指和中指放在耳朵前面和髮際線的交接處，不要太過用力，輕壓的同時感受到肌肉的彈性即可。

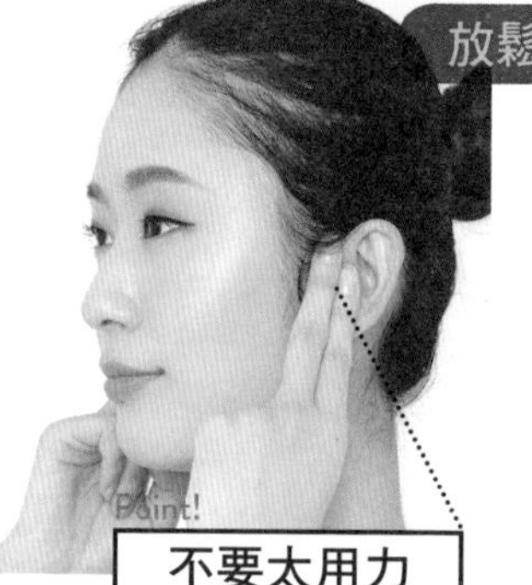

2 以畫 V 字的手法放鬆耳朵前後

從耳朵前方開始往後、以畫 V 字的手法移動手指，促進淋巴循環，同時還能消除浮腫，讓臉更為緊實。

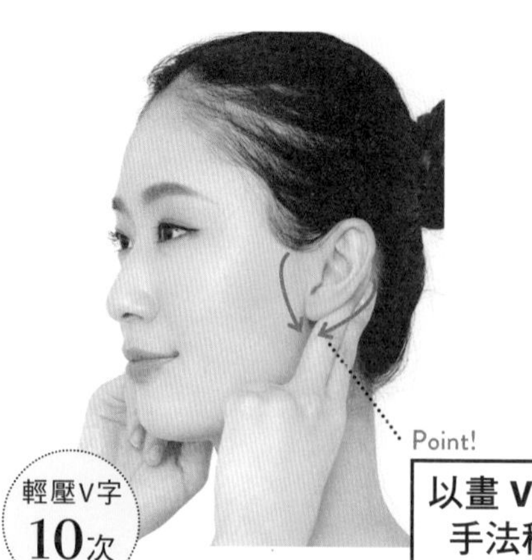

臉部按摩・加強版

從顴骨的中間，把臉頰往上提

下巴的可動範圍變小，臉頰就會下垂，顴骨的位置也會往下，以加壓的方式往上提。

1 把手掌的根部放在顴骨下方

手肘撐在桌上，以手掌的根部從兩邊鼻翼順著顴骨按壓臉部。

Point!
手肘撐在桌上

Point!
視線望向正前方

2 推向顴骨內側往上提

面向正前方，以拉提顴骨的方式緩緩地施加壓力。請注意，此時不要咬緊牙關。

Point!
拉提臉頰的內側

10秒

上眼皮下垂

一旦開始感覺「眼線不好畫了」、「眼睛變小、顯得無神」，就是上眼皮鬆弛的警訊，是連接上眼皮的額肌太緊繃。放鬆頭頂的帽狀腱膜，讓雙眼恢復清亮的神采。

上眼皮下垂鬆弛的原因

額肌、帽狀腱膜太緊繃 P14

活動眉毛的肌肉動不了

立刻改善！見P34

拉提眼皮的肌肉動不了

立刻改善！見P32

上眼皮的肌肉無力

上眼皮鬆弛，眼角容易產生細紋，讓眼睛看起來比較小、雙眼皮變得不明顯

當連接額頭與頭部的額肌太緊繃的時候，就容易使得上眼皮鬆弛下垂、看起來好像眼睛睜不太開的樣子。

天天長時間使用手機或電腦，眼部疲勞和壓力等等原因導致額肌緊繃，眼睛四周的肌肉就會動不了，上眼皮因而鬆弛，眼皮或眼角形成細紋。不僅如此，上眼皮一旦鬆弛下垂，雙眼皮就會變得不明顯，給人眼睛看起來比較小、眼角下垂的蒼老印象。

額肌與頭頂的帽狀腱膜相連，肌肉一旦衰退就很容易血液循環不良，必須要好好保養。除此之外，如果再按摩眼睛周圍的環眼肌和皺眉肌，還能讓眼睛變得輪廓分明、清亮有神喔！

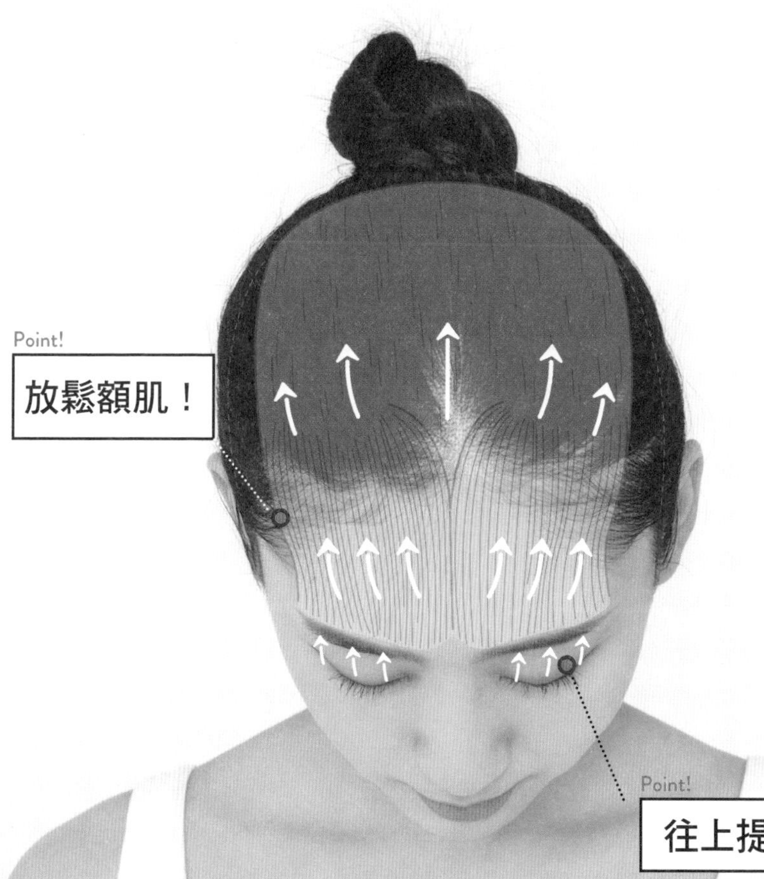

頭部按摩

上眼皮下垂鬆弛

放鬆緊繃的髮際線，恢復肌肉拉提的力量

帽狀腱膜與額肌相連的部分是很容易緊繃的地方。剛好在髮際線那一帶。不妨用拳頭充分地施加壓力，按摩放鬆。

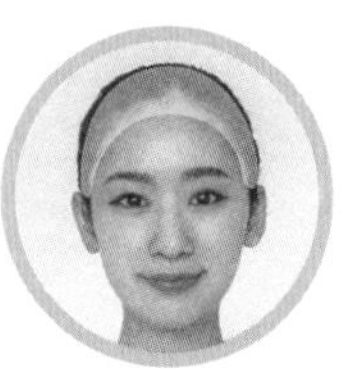

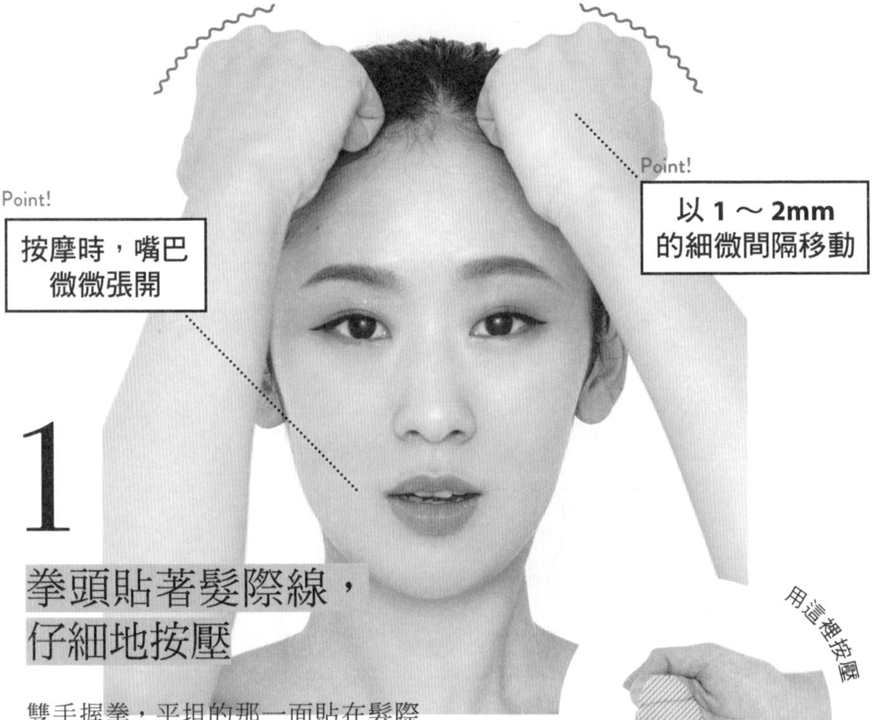

Point!

按摩時，嘴巴微微張開

Point!

以 1 ～ 2mm 的細微間隔移動

1

拳頭貼著髮際線，仔細地按壓

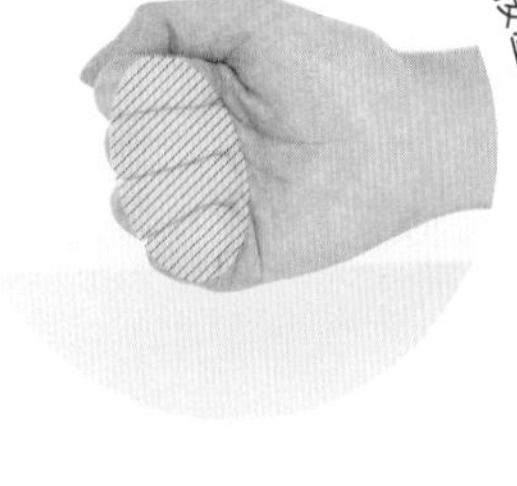

雙手握拳，平坦的那一面貼在髮際線。重點在於稍微推起皮膚後，再以畫小圓的方式按摩放鬆。按的時候要微微張開嘴巴，以免咬緊牙關。

用這裡按壓

2 一點一點地移動到太陽穴

如圖上所標註，每個地方按 5 次左右，以畫小圓的方式給予刺激，從髮際線中間一路按到左右太陽穴。按的時候可想像成是把沾黏的肌肉筋膜鬆開。

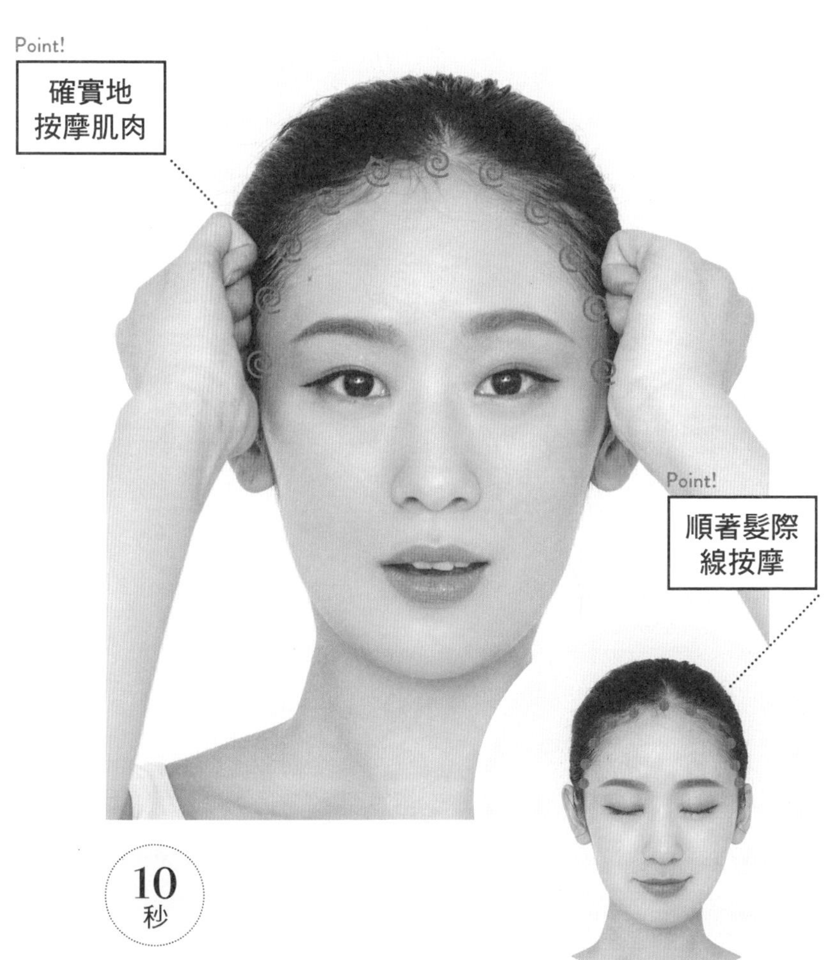

頭部按摩

拉提下垂的上眼皮

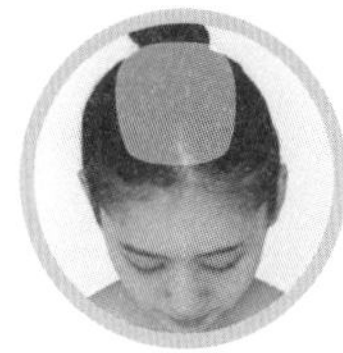

放鬆帽狀腱膜，讓額頭的肌肉恢復彈性

放鬆包覆頭頂的帽狀腱膜後，可以讓額肌（額頭）的動作變得更靈活，恢復拉提上眼皮的肌肉力量。

頭部按摩加強版

10秒

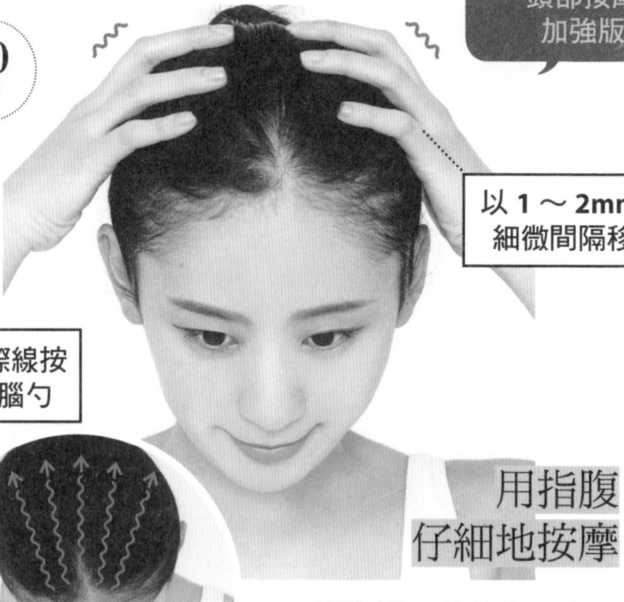

Point!

以 1 ～ 2mm 的細微間隔移動

Point!

從髮際線按到後腦勺

用指腹仔細地按摩

張開手指置於頭頂，用指腹以細微的間隔、邊按摩邊一點一點地往後腦勺（朝耳朵）移動，放鬆整塊頭皮。

臉部按摩
加強版

放鬆眉毛周圍僵硬的肌肉

藉由放鬆眼睛周圍的環眼肌、眼睛內部的提上眼瞼肌、眉宇之間的皺眉肌，恢復這些肌肉的彈性。

用這裡按壓

上下
點頭

Point!
收下巴

左右
搖頭

Point!
手肘撐在桌上

彎曲食指放在眉間，上下點頭、左右搖頭

將手肘撐在桌上，雙手食指如圖示般置於眉間，利用頭的重量施加力量按壓。上下點頭、左右搖頭，給予這裡的肌肉輕微的刺激，並以同樣的方式輪流按壓眉頭中央和眉尾。

3個地方 × 5次 ×

Point!
依序按壓
3 個地方

三大鬆弛部位 3

輪廓線鬆弛

輪廓線鬆垮下垂、出現雙下巴的狀況，通常是因為後腦勺的肌肉短縮，無法再從後腦勺拉提臉部的肌肉皮膚。以後腦勺為中心，按摩放鬆緊繃僵硬的部位，讓輪廓線重新恢復緊實。

輪廓線鬆垮下垂的原因

枕肌太緊繃

P15

下巴的可動範圍變小

立刻改善！見P40

淋巴堵住，下巴出現贅肉

從後腦勺拉提臉部的肌肉無力

立刻改善！見P38

看起來整張臉下垂

臉部輪廓鬆垮，出現雙下巴！

近年來，有雙下巴的年輕人愈來愈多。多半因為長時間滑手機、打電腦，使得脖子往前傾、駝背。當我們的姿勢持續前傾，頭部後方的肌肉就會受到拉扯，變得硬梆梆，無法從後腦勺拉提臉部，看起來整張臉鬆弛下垂。

一旦養成收下巴、姿勢前傾的習慣，淋巴就會堵住，導致水腫，下巴動不了，長出贅肉，贅肉一旦下垂，就會變成雙下巴。

放鬆後腦勺，恢復拉提整張臉的肌肉力量，就能改善臉型鬆垮下垂的狀況，跟著做以下幾個按摩輪廓線的方法，相信一定會有明顯的改善。

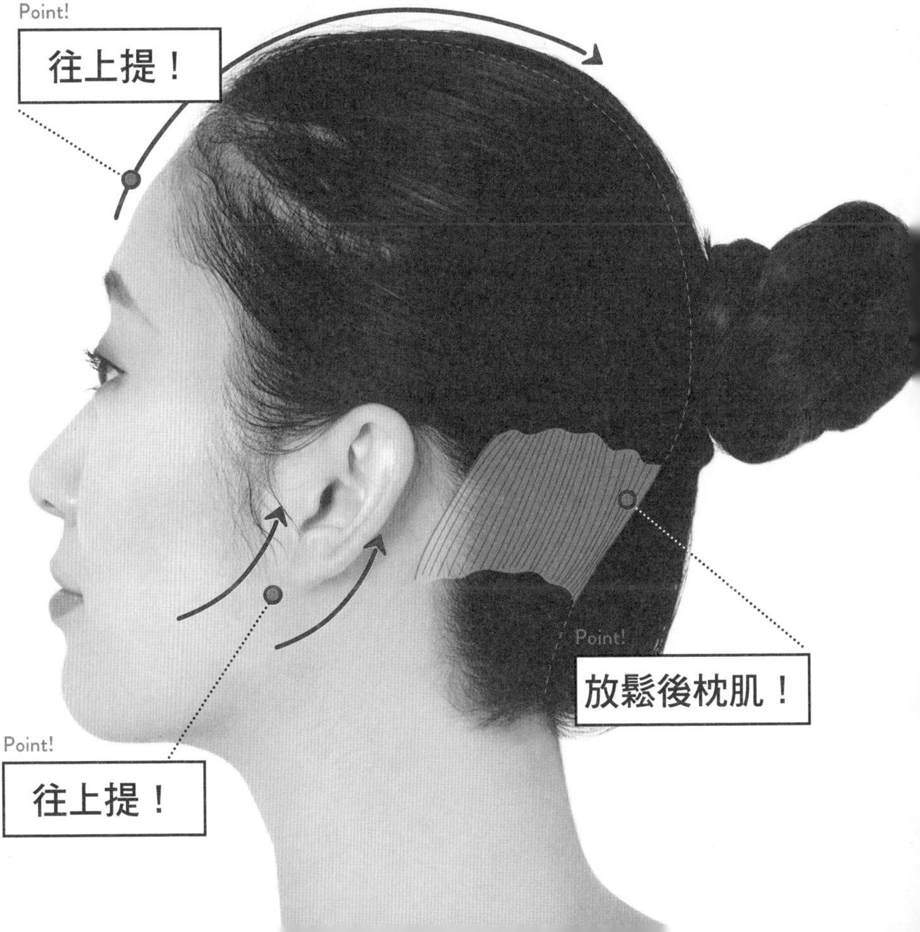

頭部按摩

改善鬆垮的輪廓線

放鬆緊繃的枕肌（脖子），拉提全臉

後腦勺的緊繃，是由於姿勢不良及眼睛疲勞，造成輪廓線鬆弛的最大原因。放鬆頸部的肌肉，從背後拉提整張臉。

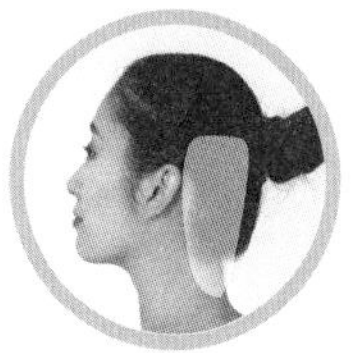

Point!

以細微的動作按壓

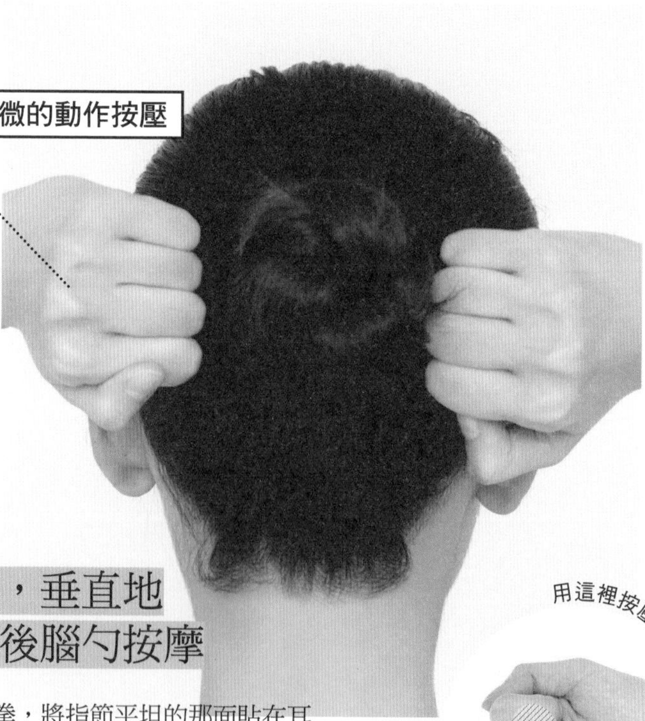

1

握拳，垂直地貼在後腦勺按摩

雙手握拳，將指節平坦的那面貼在耳朵後面，一邊以感覺到頭蓋骨的力道按壓，一邊一點一點地移動；由上往下，每次放鬆 1 ～ 2mm 的肌肉。

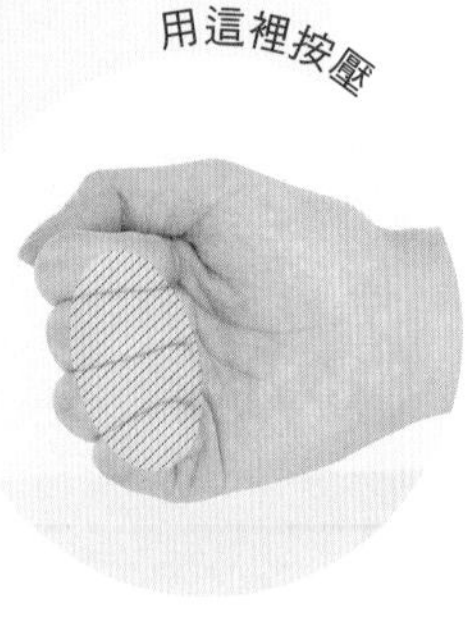

用這裡按壓

2 往下移動，放鬆到頭頸處

一面移動，一面按摩放鬆整個後腦勺。頭頸處是很容易緊繃的地方，要仔細按摩。只要同時放鬆僵硬的肩頸，就能提升來自背後的拉提效果。

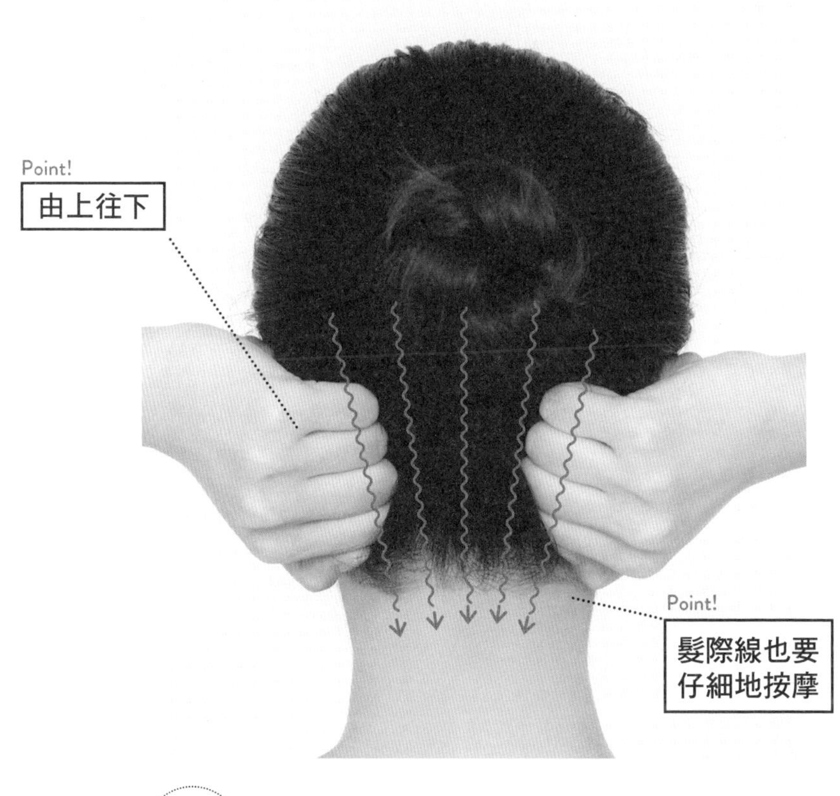

10
秒

肌力訓練

拉提鬆垮的輪廓線

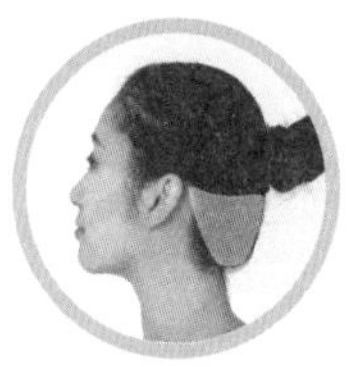

讓後腦勺帶動上顎的肌力訓練

後腦勺的筋膜太僵硬的話，上顎的開合動作就會變得不靈活，依賴下顎。讓平常沒在使用的後腦勺肌肉開始動起來！

加上放鬆頭部的動作

啊～

Point!
提起上顎

Point!
下顎不要動

把下巴固定在手臂上，大聲地發出「啊～」的聲音

雙手置於桌上，再把下巴放在手臂上。張開嘴巴，發出「啊～」的聲音 5 秒鐘，這時不要活動下顎，試著用後腦勺的力量提起上顎。

臉部按摩
加強版

用精油按摩輪廓線

長久用前傾的姿勢、收緊下巴的狀態，會使得脖子的淋巴循環變差，是臉部浮腫及鬆弛的原因。用臉部的淋巴按摩，改善脖子緊繃和下巴浮腫的狀況。

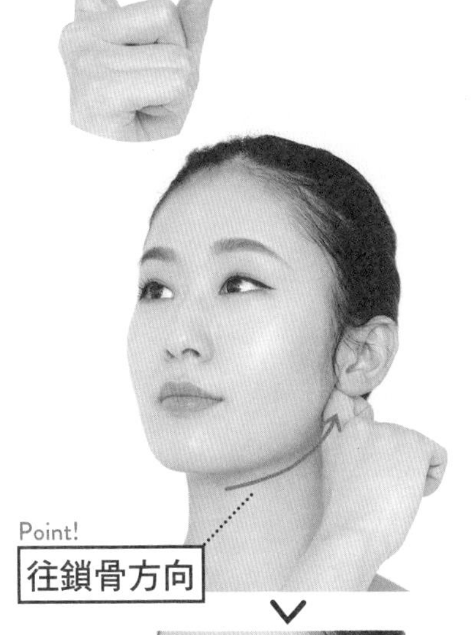

Point!
沿著骨頭按壓

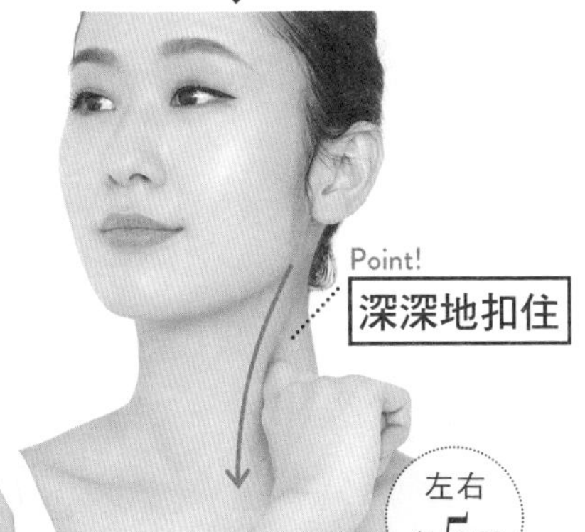

彎曲手指，從下巴的中央往耳下、鎖骨的方向按摩

為了方便按壓，可在輪廓線和脖子塗上按摩油。彎曲食指，貼在下巴中央，順著骨頭的邊緣按摩到耳朵下巴。再沿著頸項按到鎖骨，以排出體內的老舊廢物。用右手按壓左邊、用左手按壓右邊。

一個動作，讓按摩效果加倍！

按摩耳周的驚人成效

連接頭部和臉部的肌肉，都集中在耳朵周圍，只要放鬆這裡，就能大幅改善血液循環，提升「頭部按摩」和「臉部按摩」的效果。建議在開始按摩頭臉前，先好好地按摩耳周附近的肌肉。

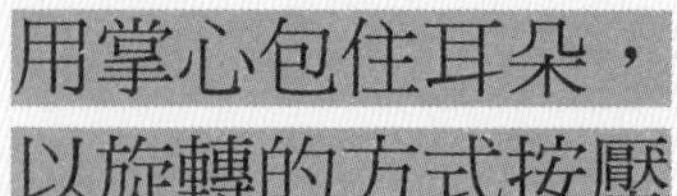

用掌心包住耳朵，以旋轉的方式按壓

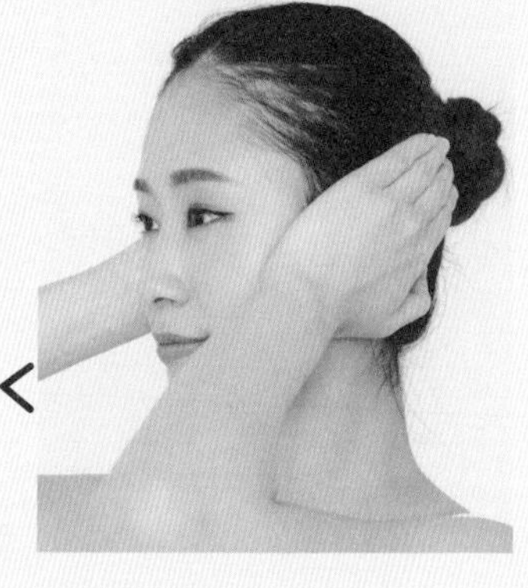

用掌心覆蓋包住臉頰、耳朵、頭側，輕壓之後、往上拉提並向後轉動。耳朵四周有很多淋巴結，針對此處給予刺激，可以促進淋巴循環、消除浮腫。

PART 2

獨家頭臉放鬆按摩法

減齡5歲、改善顯老線條的驚人變化

眼袋、魚尾紋、臉頰凹陷、頸紋……隨著年齡增加，這些讓人看起來顯老的訊號，也能透過「頭部按摩」達到顯著的改善效果；再加上「臉部按摩」，讓臉部向上拉提，看起來比之前更年輕。

每天5分鐘

改善臉部的「顯老線條」！

在接下來的內容，我會為各位示範如何改善令人在意的臉部「顯老訊號」。除了推薦各位天天持之以恆、按摩前一章所示範的臉部三大鬆弛部位之外，這一章則針對讓人更在意的「看起來顯老的線條／部位」，進行重點按摩。

眼袋、魚尾紋、抬頭紋和嘴角下垂，這些都是會讓外表看起來比實際年齡大很多的「顯老訊號」。這些問題的來源，與前一章介紹過的「三大鬆弛部位」一樣，都是因為頭部緊繃的關係。

只要理解了肌肉的構造、放鬆頭部，就能產生拉提效果，而且不會只是表面的、暫時的改善狀況。若你開始感覺，過去的護膚或臉部保養已經陷入瓶頸，「頭部按摩」一定會讓你有驚喜的感受！不僅能重點改善令人煩惱的細節，還能改善全臉的油水平衡，讓膚質變好，看起來也會變得更加開朗喔！

這些都是不需要花費時間、花費苦力的保養，可以在一般日常保養護膚、洗澡的時候順便進行。光是「頭部按摩」就很有效果，若再加上「臉部按摩」，效果會更佳顯著。

頭部按摩

眼袋浮腫

放鬆緊繃的顳肌，促進眼睛四周的血液循環

顳肌一旦緊繃，眼睛周圍的肌肉就會隨之縮緊，使得血液循環不良，臉頰也會受到影響、失去彈性，連帶著眼輪匝肌也往下垂，是造成下眼皮出現眼袋、浮腫鬆弛的原因。

1

將拳頭貼在太陽穴

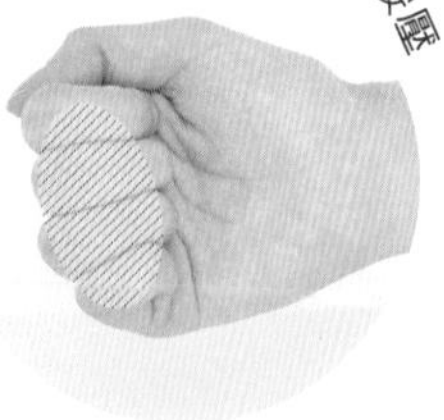

用這裡按壓

雙手握拳，以第一關節與第二關節中間平坦的那一面，像是夾住太陽穴一般按在左右兩邊。重點在於把拳頭垂直地貼在上下延伸的顳肌上。

2 小範圍地移動按壓

面向正前方，讓顳肌不要往下，以上下鋸齒狀的方式微微移動，從髮際線按摩到耳朵後方。按摩的時候不要咬緊牙關。

Point!

以貼著骨頭的感覺小範圍移動

Point!

從髮際線按摩到耳朵後方

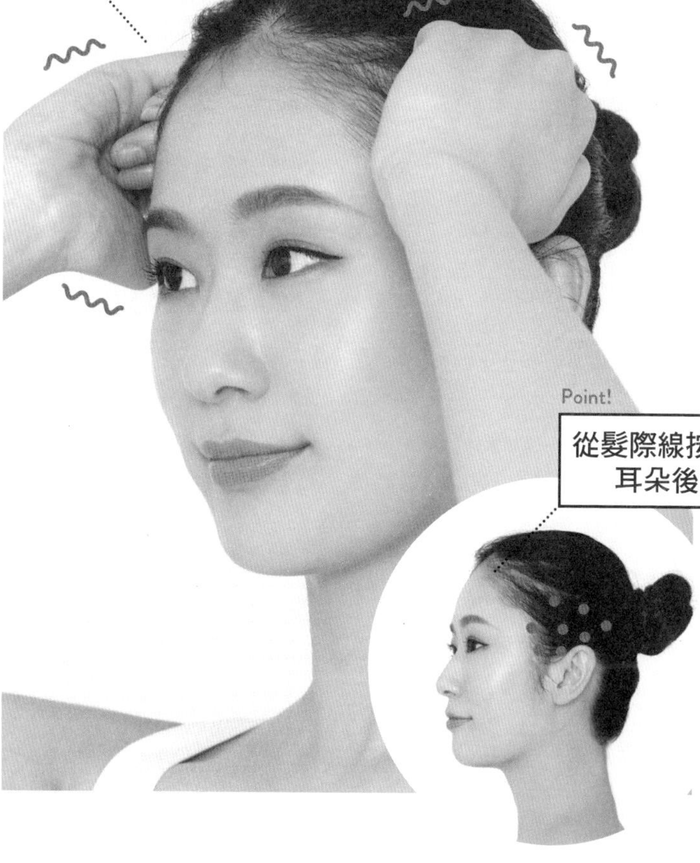

臉部按摩

眼袋浮腫

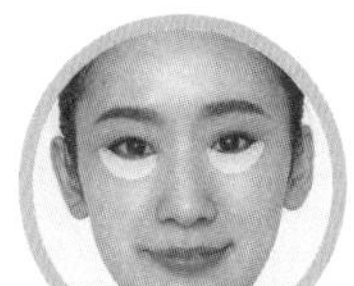

鍛鍊不使用就會鬆弛的下眼皮

絕大多數的人在睜眼、閉眼的時候，幾乎都不會用到下眼皮。為避免眼輪匝肌的衰退鬆弛，我們要集中鍛鍊下眼皮的肌肉。

1

用食指按壓眼頭及眼尾

一次按一隻眼睛。用兩根食指分別按壓眼頭及眼尾。按的時候注意下眼皮的肌肉，不要按得太用力。

2 上眼皮不動，只閉下眼皮

按住眼睛兩端，抬高視線，閉起下眼皮，感覺正看著刺眼的光線。結束後換另一邊。

一邊
10次

臉部按摩

魚尾紋

以刺激穴道的方式，放鬆僵硬的眼輪匝肌

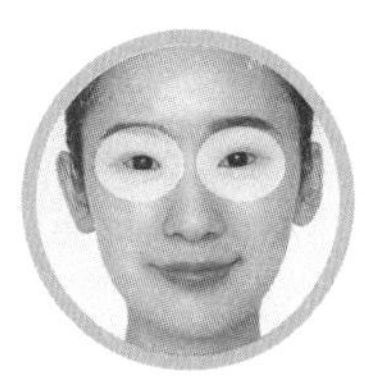

如果用眼過度，眼輪匝肌就會僵硬緊繃，表層皮膚就會鬆弛，形成皺紋。刺激「太陽穴」四周，可緩解眼睛疲勞，讓肌肉恢復彈性，改善紋路。

Point!

把眼睛往上拉

用這裡按壓

1 彎曲食指，以往太陽穴拉提的方向按壓

太陽穴的凹陷處，在眉尾與眼尾的延長線上（見圖示），彎曲食指，貼在這裡。運用指節平坦的部分，就能對深層的肌肉施加壓力，又不會傷到皮膚。

2 側著頭，邊施加壓力 邊往上拉提

感覺指節像拉住皮膚一般，將頭側向一邊，利用頭的重量施加壓力。朝髮際線一點一點地移動會更有效！按壓結束後換邊。

左右各10回

穴道按摩

魚尾紋

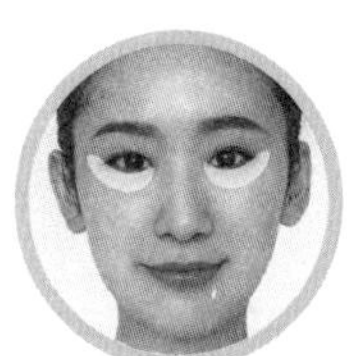

放鬆有助於
消除眼睛疲勞的**瞳子髎穴**

眼睛疲勞會讓眼睛周圍的血液循環變差，導致肌肉緊繃。放鬆關鍵的穴道，讓盯著手機或電腦而用眼過度的雙眸恢復神采。

1

中指貼在眼尾稍微外側的凹陷處

這個位置是「瞳子髎穴」，可以改善眼睛疲勞、減輕魚尾紋。將中指的指腹貼在距離眼角約1cm 外側的凹陷處。

2 以稍微向上拉提的方式按壓

找到穴道後，以往斜上方拉提的方式施加壓力。按 5 秒，放開 5 秒。注意不要屏住呼吸。

10 秒

臉部按摩

抬頭紋

利用頭的重量，放鬆僵硬的額肌

常常心事重重或想太多的人，額肌很容易緊繃。肌肉一旦僵硬，皮膚就會鬆弛，產生紋路。仔細地放鬆額肌、恢復彈性，就能有效減輕抬頭紋。

用這裡按壓

1

拳頭貼著額頭，手肘撐在桌子上

雙手輕輕握拳，貼著額頭，讓小指落在眉頭上方。手肘撐在桌子上，對拳頭用力，藉此施加壓力。

Point!

手肘撐在桌上

2 拳頭微微轉動，放鬆整片額頭

以畫圓的方式，按壓放鬆額頭，一點一點地往外側移動，分成 4 ～ 5 個地方按到太陽穴。額頭正中央、髮際線也以同樣的方式從中間往外按摩。

4~5個地方
×
各5次
×
3組

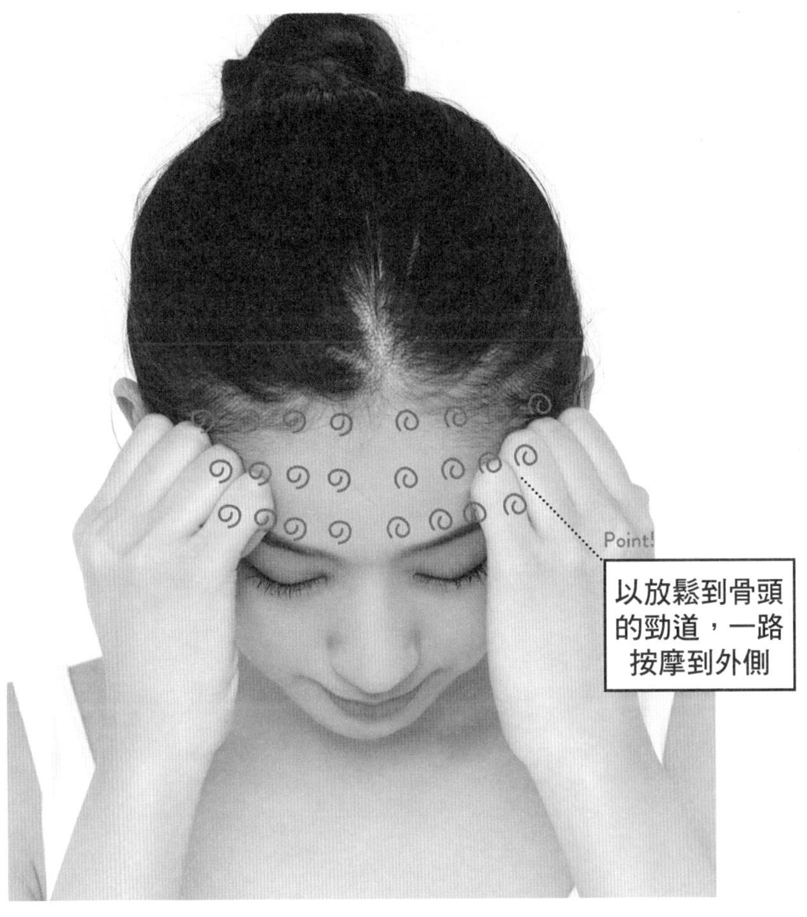

肌力訓練

抬頭紋

鍛鍊眼皮的肌肉，讓雙眼明亮有神

抬頭紋形成的原因之一，是睜開眼睛的時候沒用到上眼皮的肌肉，反而是用額頭的肌肉；刻意訓練眼皮的肌肉「睜開眼」，就能減少抬頭紋。

1

用手按壓額頭

用手按住額頭及眉間的肌肉，維持不動。一旦養成用額頭的肌肉睜開眼睛的習慣，額頭就會產生皺紋，再也消不掉了，要特別注意。

2 額頭不動，提起上眼皮，睜開眼睛

確實地用手按住額頭的肌肉，不要動到，靠上眼皮的力量睜開雙眼。慢慢地重複10次睜眼、閉眼的練習。做的時候看著鏡子，確定臉沒有抬起來。

10次

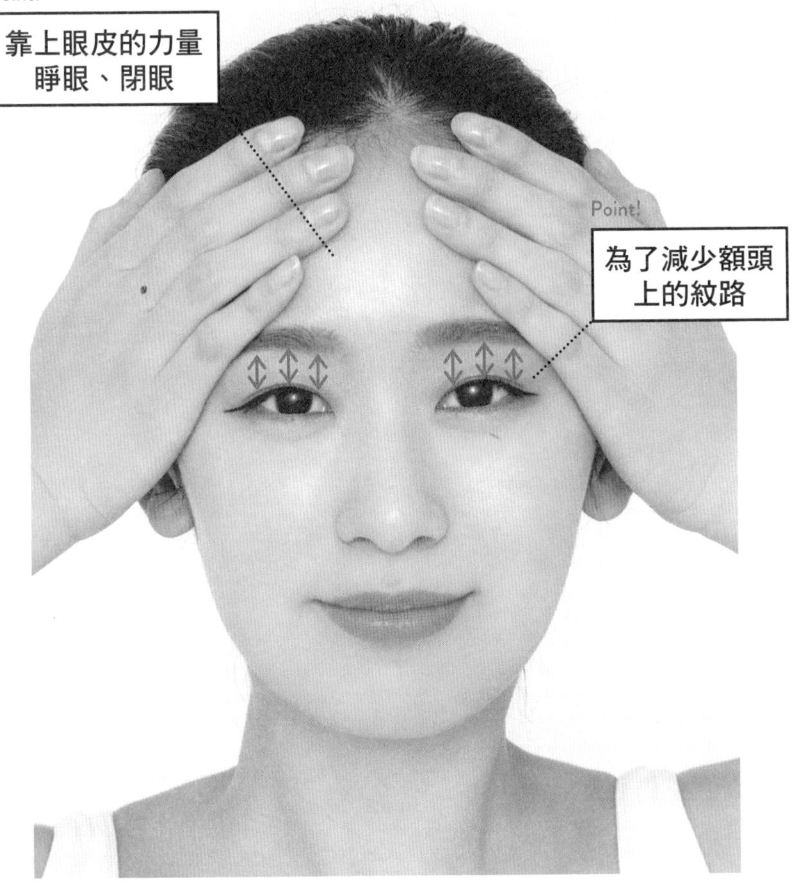

臉部按摩

眉間紋

放鬆耳朵四周的肌肉以促進血液循環

頭部側邊到耳朵周圍一旦緊繃，眼睛四周的血液循環就會變差，眉頭的肌肉也會隨之緊繃。刺激與頭和臉相連的耳朵肌肉，能有效地促進血液循環。

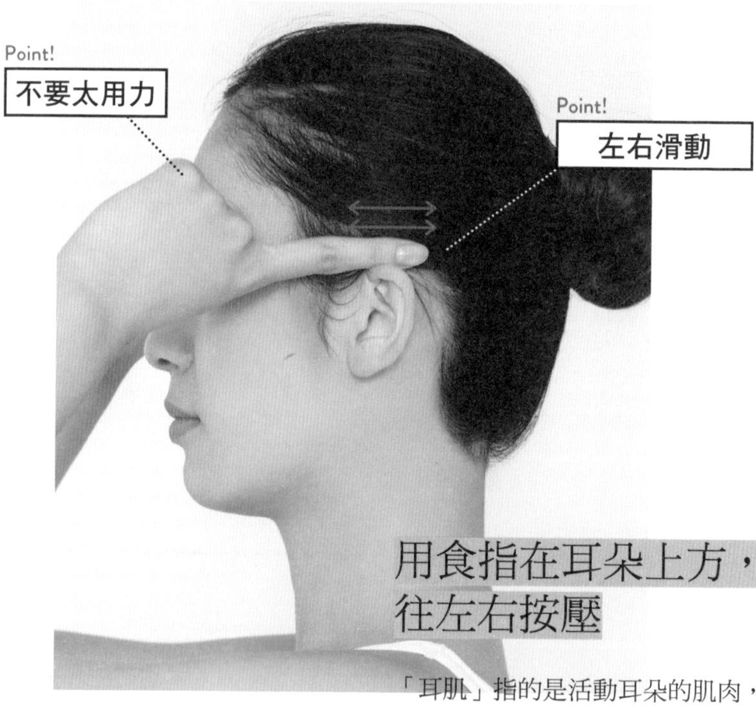

Point!
不要太用力

Point!
左右滑動

1 用食指在耳朵上方，往左右按壓

「耳肌」指的是活動耳朵的肌肉，會不知不覺變得緊繃，要好好放鬆按摩。由於耳上肌是往垂直方向生長，用手指輕輕地往左右按摩，就能緩解緊繃。

2

上下按摩耳朵前方以放鬆肌肉

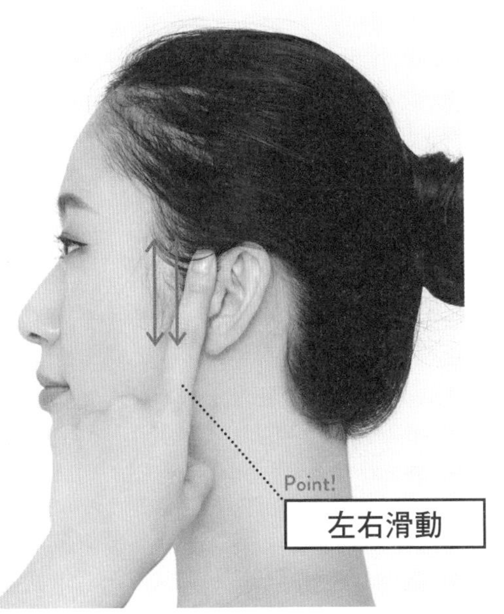

位於耳朵前方的耳前肌是往左右兩邊生長，所以垂直地由上往下按壓就能放鬆。耳朵前面也有淋巴結，加以刺激還能促進循環。

3

上下按摩耳朵後方以放鬆肌肉

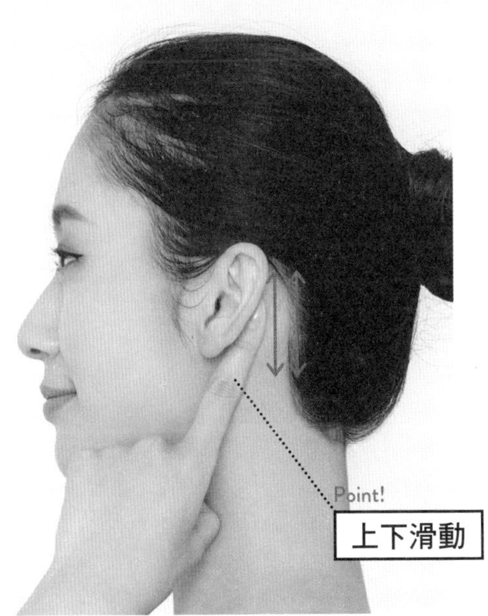

耳後肌也是往水平方向生長，因此由上往下垂直地按壓就能緩解緊張。後面也有淋巴結，所以按摩這裡能消除阻塞的現象。

各
10秒

臉部按摩

眉間紋

按摩容易長出皺紋的 **眉部肌肉**

位於眉毛上方的皺眉肌，是板著一張臉的時候會用到的肌肉，緊張時皺紋會更明顯，要徹底放鬆。

3個地方
×
上方、外側
×
各10次

Point!

抓住眉頭

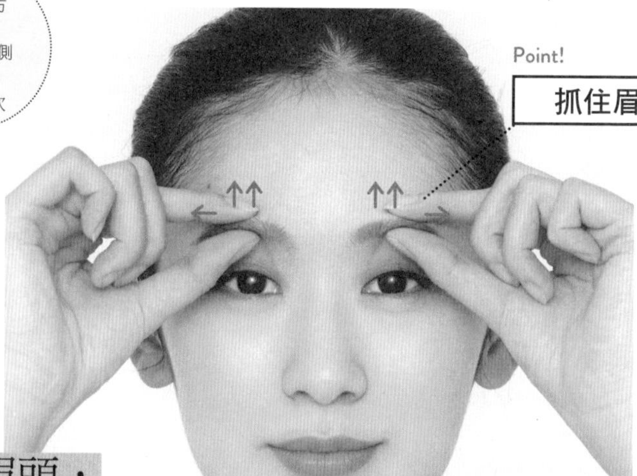

1

抓住眉頭，往上方、外側移動按摩

用食指和大拇指抓住位於眉頭上方的皺眉肌，以就連位於眉骨也一起抓起來的感覺向上拉提，垂直按摩 10 下，再繼續向外水平按摩 10 下，分三個地方一路按到眉峰。

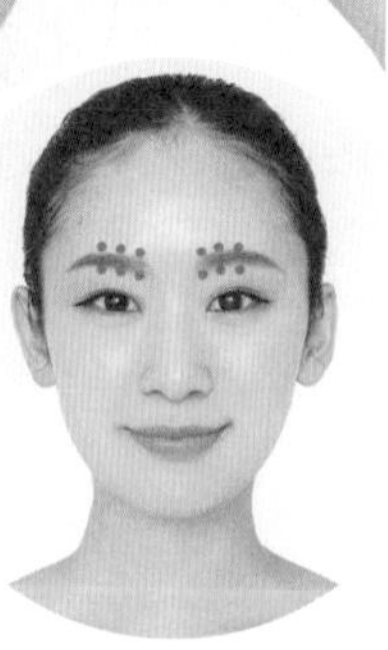

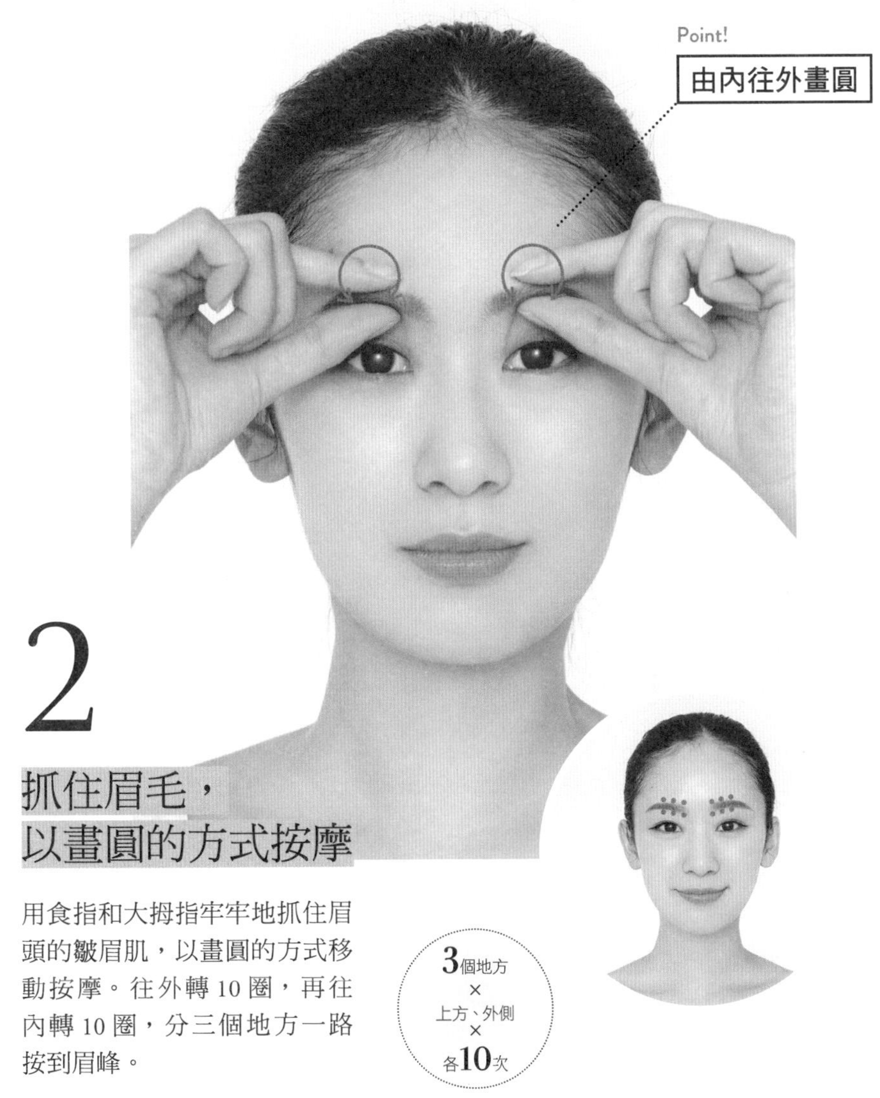

2

抓住眉毛，以畫圓的方式按摩

用食指和大拇指牢牢地抓住眉頭的皺眉肌，以畫圓的方式移動按摩。往外轉 10 圈，再往內轉 10 圈，分三個地方一路按到眉峰。

3個地方
×
上方、外側
×
各10次

頭部按摩

臉頰凹陷

放鬆緊繃的腦袋，以免顴骨向外突出

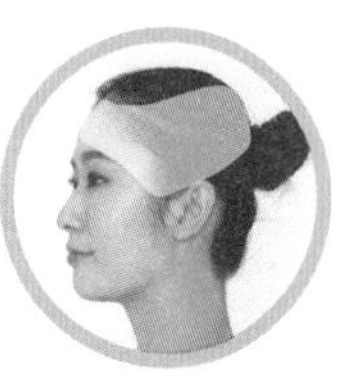

頭部兩邊如果太僵硬，就會進而緊繃起來，與其連動的顴骨也會向外突出，造成臉部凹陷，重點在於放鬆緊繃的顳肌。

10秒

1

用拳頭按摩，放鬆顳肌

用這裡按壓

雙手輕輕握拳，將平坦的那一面貼著頭的兩邊，從髮際線按摩到耳朵後面。動作不要太大，想像把肌肉從骨頭上分開。

2 用拳頭集中徹底放鬆腦袋

20秒

位在頭頂的帽狀腱膜與顳肌的連接處，是特別容易緊繃的地方。將拳頭平坦的那一面貼在頭上，以左右微微震動的方式按摩，力道以稍重、但不疼痛的程度為佳。

Point!

以微微震動的方式加壓按摩

臉部按摩

臉頰凹陷

推壓突出來的顴骨

顳肌一旦僵硬、緊繃，顴骨就會受到拉扯、向外突出，還會在臉頰底下形成陰影，給人憔悴的印象。請用手加壓，放鬆緊繃的肌肉，矯正顴骨的位置。

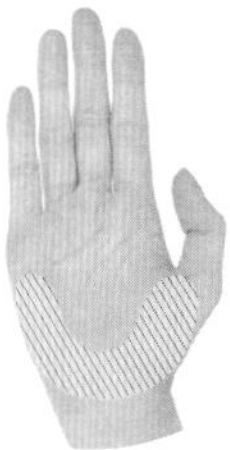

用這裡按壓

Point!
張開嘴巴

Point!
手腕位置高於手指

用掌心夾住顴骨，慢慢施壓，把顴骨向內推

10秒 × 3次

掌心貼住臉頰兩邊，把靠近手腕的地方緊緊地貼在顴骨上方，手指捧住腦袋兩邊。張開嘴巴，以「用掌心慢慢地將顴骨推回臉頰內部」的感覺施加壓力。

臉部按摩
加強版

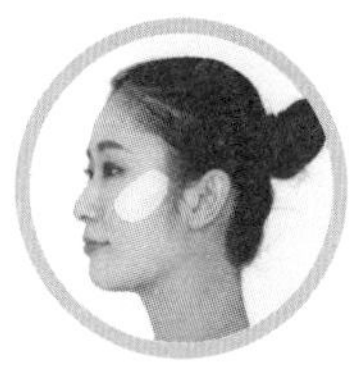

利用體重
來矯正顴骨的位置

比照上一頁，用自己的體重以同樣方法推回顴骨。感覺像是推入臉的內側。

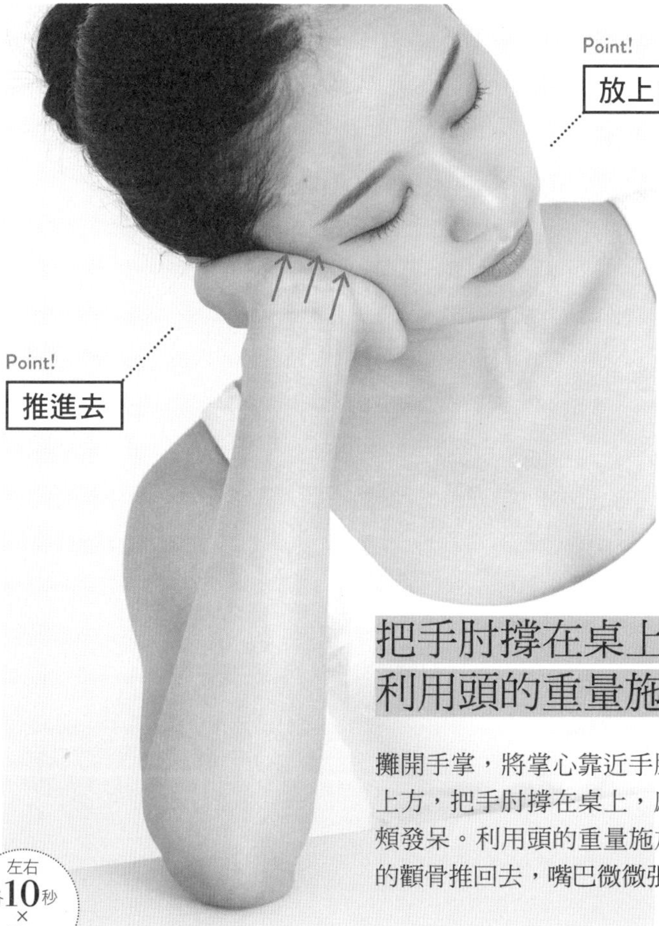

Point!
放上自身的重量

Point!
推進去

把手肘撐在桌上，
利用頭的重量施加壓力

攤開手掌，將掌心靠近手肘的地方貼在顴骨上方，把手肘撐在桌上，感覺就像是托著臉頰發呆。利用頭的重量施加壓力，把突出來的顴骨推回去，嘴巴微微張開。

左右
各10秒
×
3回

臉部按摩

嘴角下垂

放鬆連接頭部的**胸鎖乳突肌**

咬緊牙關或姿勢前傾造成的脖子僵硬，會讓提起嘴角的肌肉動作不靈活，導致嘴角下垂。放鬆從頭部連結鎖骨的胸鎖乳突肌，可以讓脖子回到正確的位置，有助於改善這個問題。

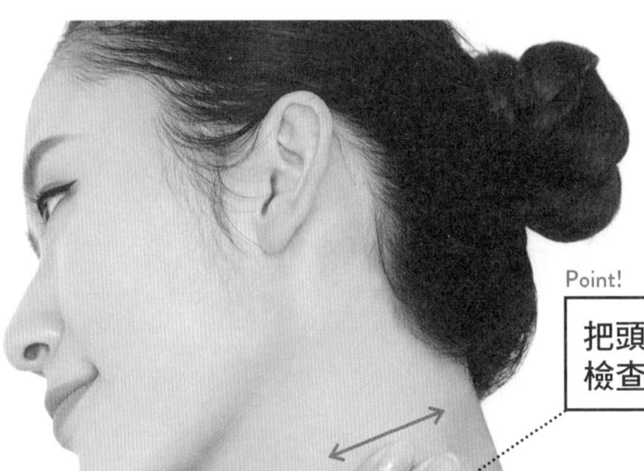

Point!

把頭側向一邊，檢查肌肉的狀況

1

食指和中指貼著脖子，左右滑動

頭側向一邊時，另一邊浮出來的肌肉就是胸鎖乳突肌。把食指和中指的指腹貼在頭連接脖子的地方，左右滑動，放鬆胸鎖乳突肌。建議左邊用右手、右邊用左手按摩。

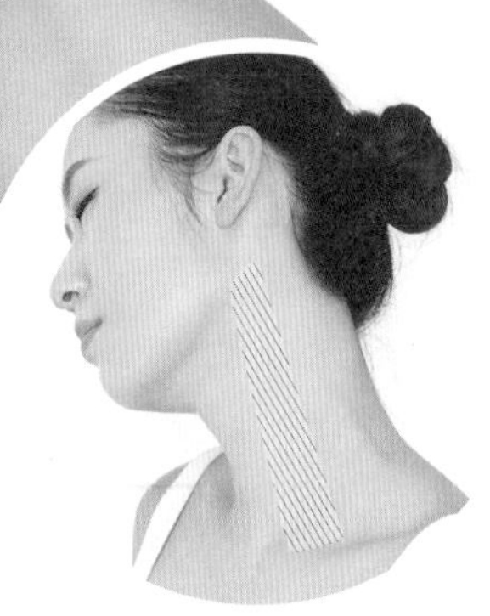

2 錯開位置，徹底地按摩到鎖骨

用兩根手指左右按摩，放鬆從脖子與頭相連的地方直到鎖骨（由上而下，共 5 個位置）。不是摩擦皮膚，而是用指腹按住肌肉，以有感但不過份疼痛的力道按摩放鬆。結束後換邊。

5個地方
×
5次
×
3組

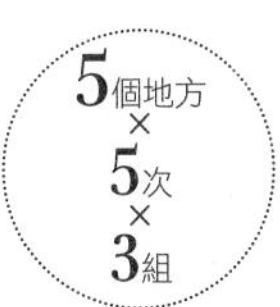

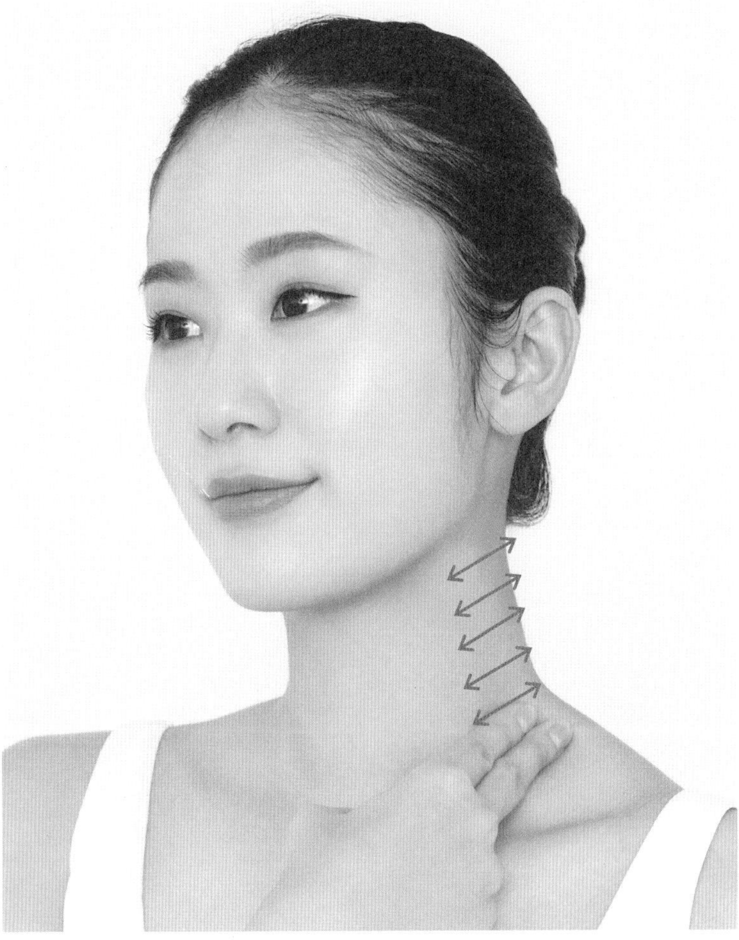

肌力訓練

嘴角下垂

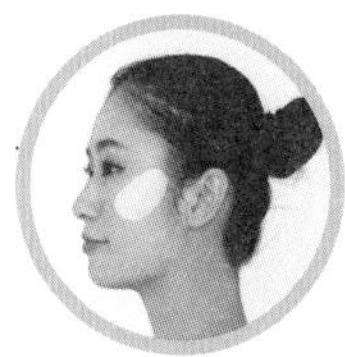

鍛鍊動嘴的肌肉 來拉提嘴角

口輪匝肌圍繞在嘴巴四周，負責拉提口輪匝肌的肌肉一旦衰退，嘴角就會下垂。增加肌力，就能讓嘴角恢復上揚。

1 用臼齒咬住免洗筷

準備一根免洗筷，張開嘴巴，含住免洗筷，重點在於盡可能把免洗筷推到臼齒的地方。

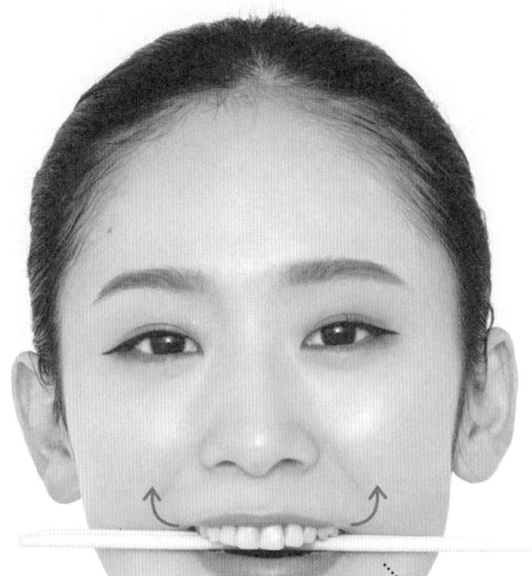

2

讓嘴角上揚直到覺得痠、再停留 1 分鐘

嘴角上揚，露出門牙，把臉頰往上拉提；直到覺得痠後，再停留維持一分鐘。做的時候要看著鏡子，不要讓免洗筷斜向一邊。

1
分

臉部按摩

方臉／寬臉

放鬆緊繃的枕肌，矯正往前傾的姿勢

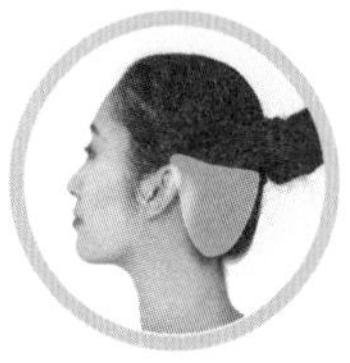

腮幫太寬（方臉／寬臉）最大的原因就在於不自覺地習慣咬緊牙關，枕肌如果太緊繃，頭要向後仰就有困難，變成習慣往前傾。臉部一旦下垂，就更容易咬牙切齒，所以請從後腦勺放鬆僵硬的脖子。

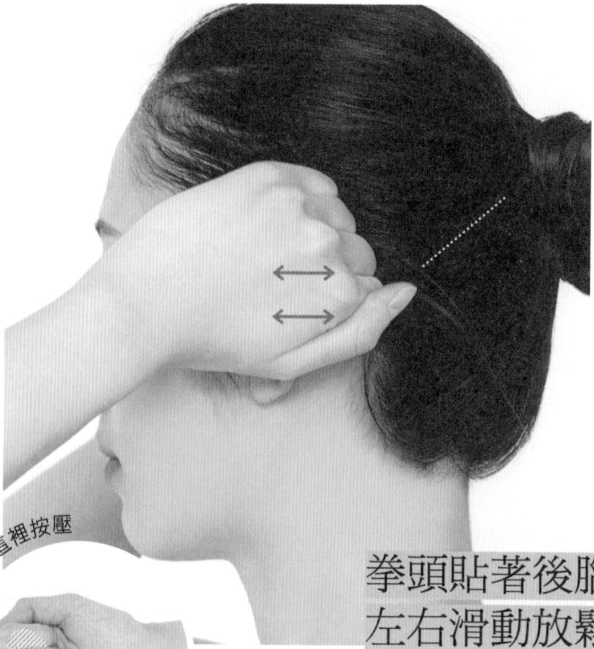

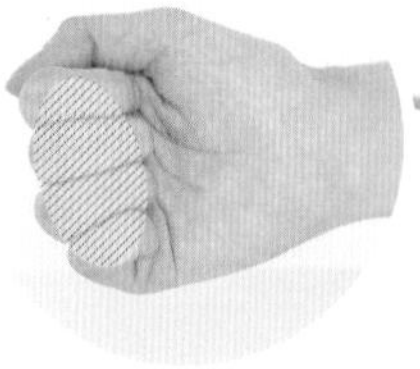

用這裡按壓

1 拳頭貼著後腦勺，左右滑動放鬆

用拳頭平坦的那一面貼住耳朵後面的枕肌。由於枕肌是橫向生長，請豎起拳頭，以放鬆骨頭的方式施加壓力。

2 一面移動位置，按摩到脖子的肌肉

每個地方滑動 5 次，按摩到位於頭與脖子連接處的斜方肌，以放鬆緊繃的脖子。此舉能改善慣性往前傾的姿勢，消除下巴周圍肌肉的緊繃。

5個地方
×
5次

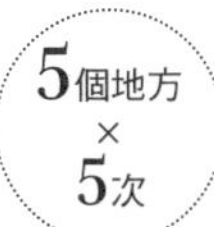

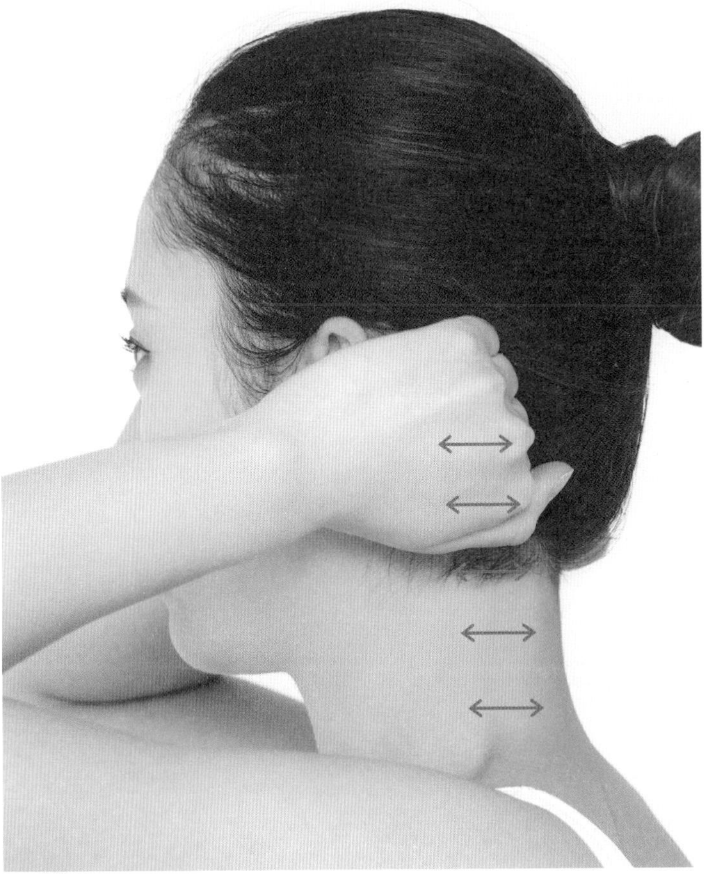

臉部按摩

方臉／寬臉

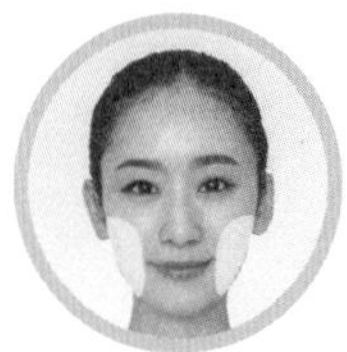

從內側放鬆因習慣咬緊牙關而變得僵硬的肌肉

一旦養成不知不覺地用力咬緊臼齒的習慣，包含咀嚼肌在內的臉頰肌肉就會變得僵硬，導致骨頭歪斜、腮幫子向外隆起，所以要放鬆緊繃的臉頰。

1 把大拇指放入口中，用兩根手指抓住臉頰

把右手的大拇指放進左臉頰內側，食指和中指靠攏，放在外側，夾住臉頰的肌肉。感覺像是要抓住張嘴閉嘴時動到的肌肉。

2 以「啊嗚啊嗚」的口型張嘴、閉嘴

一邊抓住肌肉，一邊以「啊嗚啊嗚」的口型張嘴、閉嘴五次。大拇指比較沒力的人可以用另一隻手按住。一面從嘴角往顴骨的方向錯開位置，重複按壓五個地方。結束後換邊。

5個地方
×
5次
×
3組

頭部按摩

頸紋

放鬆緊繃的頭部，改善頸部的血流

頭部的緊繃會傳到肩頸，長久下來會導致骨骼和姿勢不正，養成縮著下巴的壞習慣，頸紋也因此而生。放鬆頭部，不要彎腰駝背。

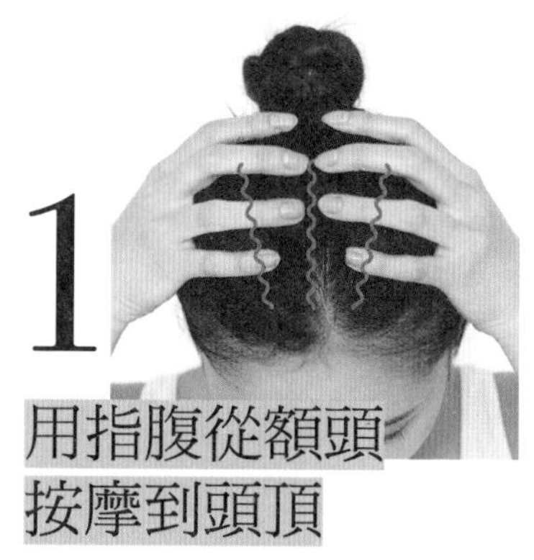

1 用指腹從額頭按摩到頭頂

顱頂肌與帽狀腱膜會連接到全身的肌肉，要優先放鬆這兩個部位。指腹貼著頭皮，從髮際線開始，以微微震動的方式按摩到後腦勺。

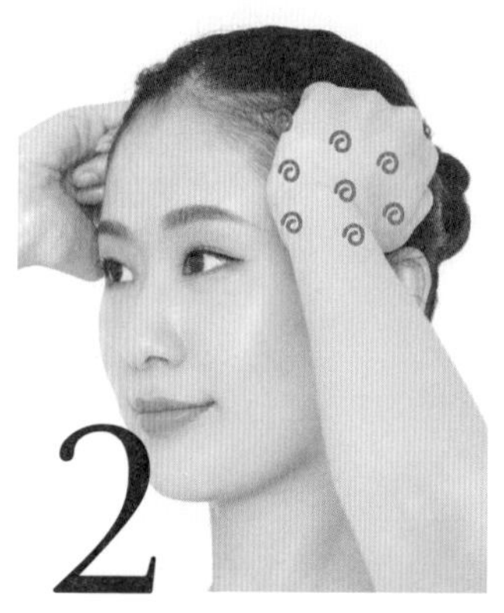

2 用拳頭按摩頭部兩側

水平握拳，將平坦的那一面貼在頭部兩側，以小小畫圓的方式從髮際線按摩到耳朵後方。

各10秒

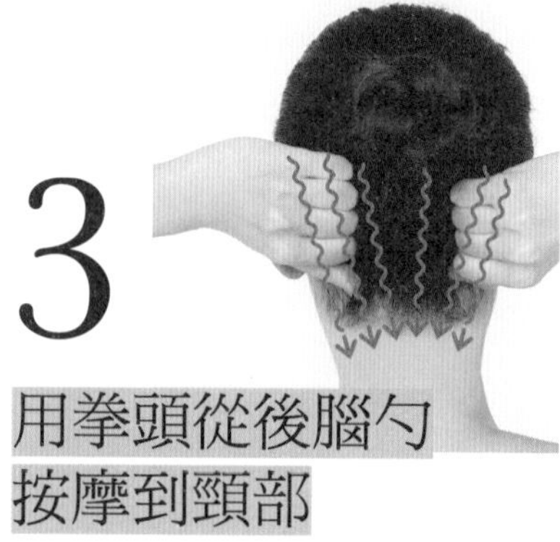

3 用拳頭從後腦勺按摩到頸部

後腦勺的肌肉，功能是從後面支撐頭部，一旦緊繃，就會變成往前傾的姿勢，需要徹底地放鬆。垂直握拳，放在耳朵後面，一路按摩到頸部。

臉部按摩
加強版

1

用食指和中指，往頸部左右兩側按摩

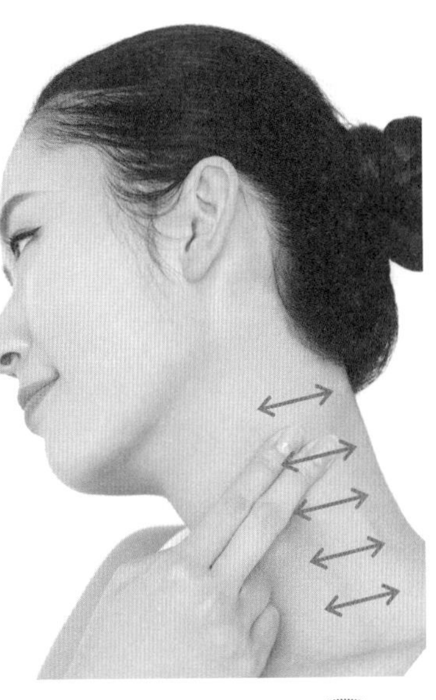

側著頭，把食指和中指貼在突出來的肌肉（胸鎖乳突肌）上，小範圍地左右移動，以加壓的方式按摩。分成五個地方，一路按到鎖骨。左邊用右手、右邊用左手按摩。

5個地方
×
5次
×
3組

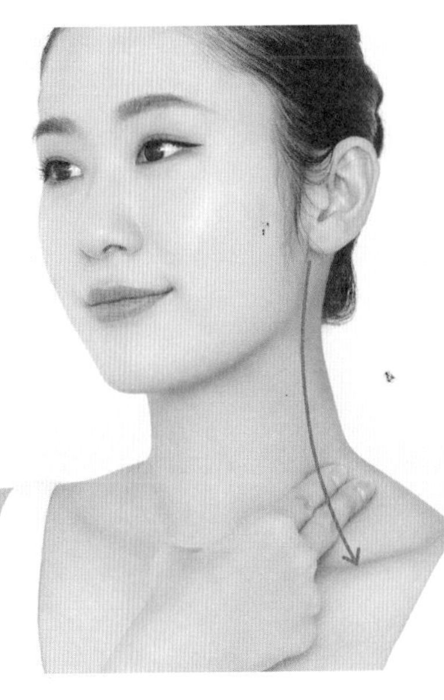

2

塗抹精油，促進頸部的淋巴循環

將按摩用的精油塗抹在頸部，食指與中指的指腹貼著胸鎖乳突肌，從耳朵後面以滑動的方式按摩到鎖骨。結束後換邊。

獨家！

1

逆齡奇蹟「頭部按摩」Q & A

一天當中什麼時候做最有效？

A 什麼時候都可以做

效果不會因為按摩的時間有所差別，在你發現頭部緊繃或臉部鬆弛的時候就做。例如早上化妝前，可以消除浮腫，應該也比較容易上妝；睡前進行「頭部按摩」可以放鬆心情，更容易入睡。選一個每天都能做的時間，持之以恆地進行。

要以多大的強度來進行「頭部按摩」？

A 用「有痛感、但不痛苦」的力道

要刺激到深層的肌肉，必須確實地按壓，而不是揉揉皮膚表面。用「有痛感、但不痛苦」的力道最為理想。如果覺得很痛，可能是因為頭太緊繃，所以請一點一點地放鬆。建議力氣不夠大的人可以改用拳頭平坦的那一面，會比用指腹按壓更有效果。

深層按壓肌肉的技巧在於？

A 指尖要感覺到骨頭

肌肉附著在骨頭上，為了按摩到深層部位，重點在於指尖要感覺到骨頭。頭或臉的肌肉不厚，因此很容易感覺摸到骨頭。不妨以細微震動的方式按摩，感覺像是要剝開附著在骨頭上的肌肉。

PART 3

小臉逆齡的頭部按摩法

改善
白髮和掉髮

如同要讓美麗的花朵盛開，土壤至關重要；若想擁有一頭美麗豐盈的秀髮，讓頭皮處於健康的狀態也至關重要。請養成「頭部按摩」的習慣，改善白髮、掉髮。並重新審視保養頭髮的方法，讓自己擁有一頭就連背影也令人驚艷不已的秀髮。

頭部肌肉緊繃，也會造成白髮和掉髮

放鬆頭部緊繃肌筋膜，養好頭髮

二十五歲是頭髮健康狀況直線走下坡的分水嶺。白髮及掉髮、毛躁分叉、亂翹、髮量稀疏……等，與頭髮有關的煩惱，會隨著年齡增長而愈來愈多。前面示範的獨家小臉逆齡「頭部按摩」的手法，可以按摩到肌肉深層，改善緊繃及血液循環不良的問題。保持頭皮健康，是讓秀髮美麗又有光澤的不二法門。

人為什麼會長出白髮，目前還沒有定論，有一說是讓頭髮漆黑柔亮的黑色素細胞分裂得沒那麼順暢。**為了活化長出頭髮的細胞，關鍵在於促進血液循環，讓營養分布到每個毛囊。**

擔心掉髮問題的人，不妨集中放鬆頭頂和兩側，因為那裡沒有肌肉，所以血液循環很容易停滯。兩側一旦繃得太緊，就會拉扯頭皮，導致毛囊與毛囊之間的距離變大，讓頭髮看起來很稀疏。

頭髮亂翹的原因，也和頭皮鬆弛有關。當頭部太緊繃、頭皮太鬆弛，毛囊就會變形，導致頭髮失去光澤，毛躁分岔還亂翹，這些問題也可以經由「頭部按摩」來解決。

不妨重新審視洗頭及吹頭髮的方式，目標是擁有比年輕時更柔亮有光澤的秀髮。

放鬆頭部肌肉，減少白髮和掉髮

即使用了昂貴的增髮水，頭髮還是很稀疏，一點效果也沒有。不如放鬆頭蓋骨，以在頭皮上一點一點確實按壓的手法緩解頭部的緊張，促進血液循環，以長出豐盈蓬鬆的頭髮與打造健康的頭皮為目標。

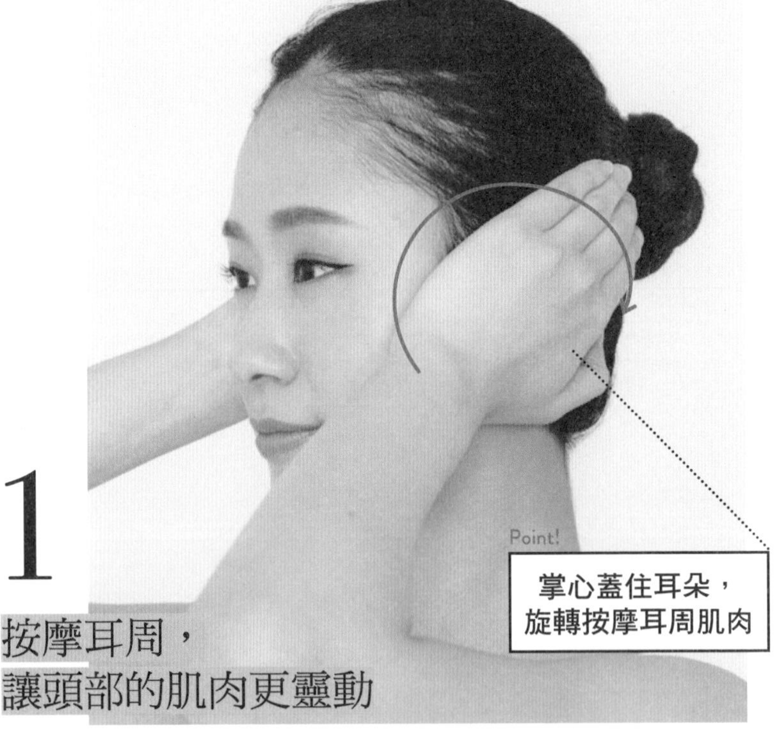

1 按摩耳周，讓頭部的肌肉更靈動

將手掌根放在靠近腮幫子的地方，用掌心蓋住耳朵，手的位置不動，轉向後方，感覺像是提起往前垮的肌肉，緩解與頭部兩側相連的臉頰和耳朵的緊繃。

10 秒

Point!

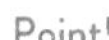

從髮際線往後腦勺，以鋸齒狀的動作按摩

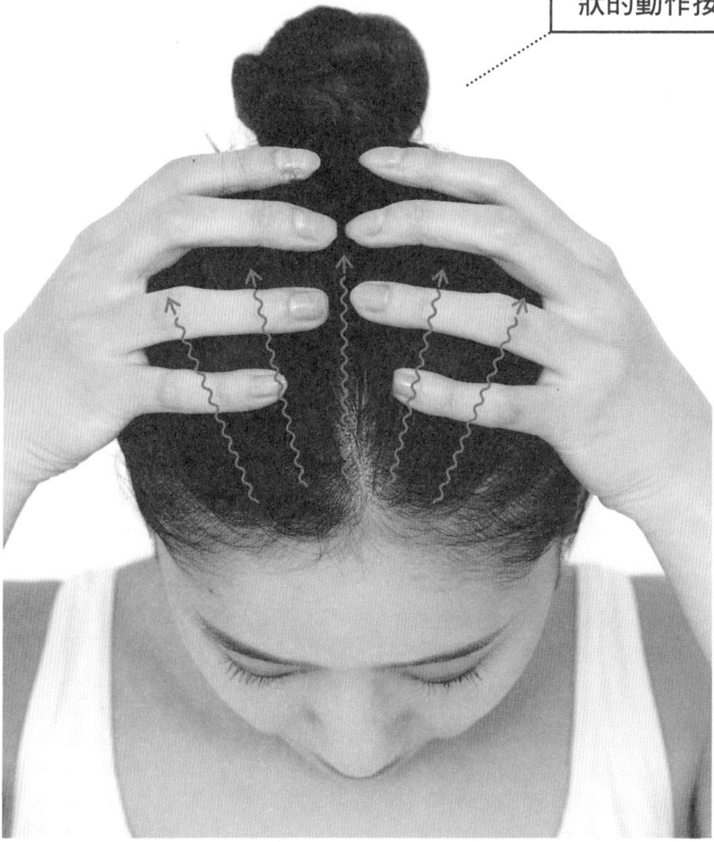

2 放鬆額肌與帽狀腱膜

10秒

將指腹貼在頭皮上，以 1 ～ 2mm 的間隔移動，感覺手指仔細地放鬆頭蓋骨上的筋膜。手指的位置從髮際線一路按到後腦勺，可以消除頭頂的緊繃。

3 放鬆頭的兩側

將拳頭平坦的那一面貼著太陽穴，一面微微轉動，從髮際線往耳朵後面按摩顳肌。按摩時感覺像是要一點一點地鬆開緊緊黏在骨頭上的肌肉。

10秒

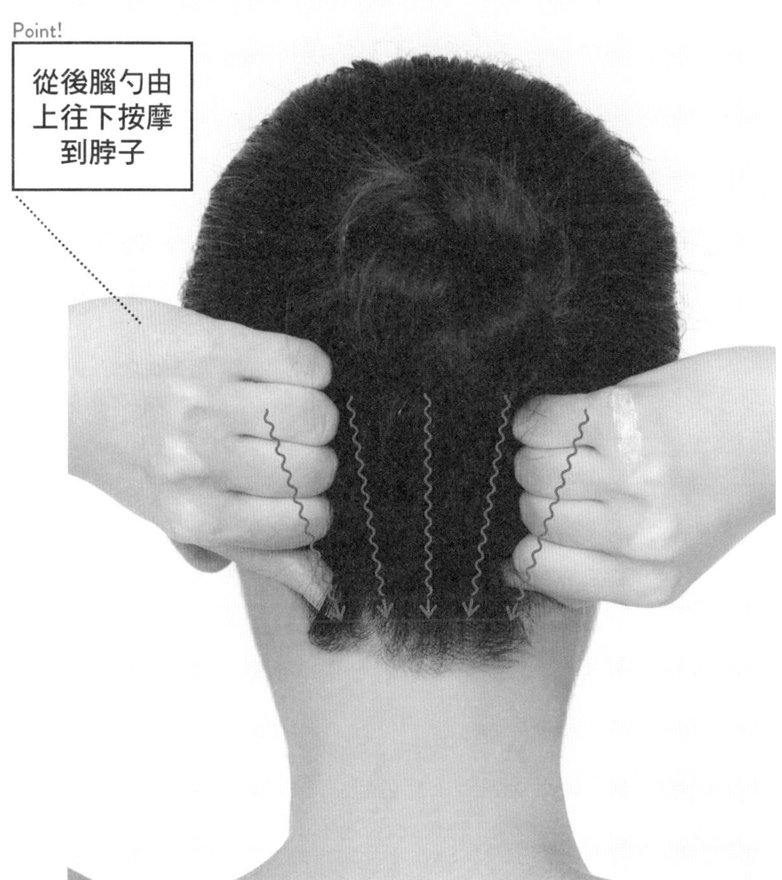

4 放鬆 後腦勺～脖子

10 秒

以拳頭平坦的那一面，貼在耳後的後腦勺部位，以 1 ～ 2mm 的間隔移動，放鬆後腦勺。一路按到頭蓋骨和脖子的交界處，可以促進血液循環。

用梳子按摩頭皮，改善白髮、掉髮

適度用梳子給予刺激，也可促進頭皮的血液循環，建議大家多嘗試看看。在洗頭前先用梳子按摩頭皮，就能有效地刷掉附著在毛囊及髮絲上的污垢，頭髮也能洗得更加乾淨。

1 以鋸齒狀的動作，梳開耳朵上方的頭髮

在頭髮乾燥時進行。梳開糾結的髮尾後，再用梳子從頭部兩側長出頭髮的地方，往後鋸齒狀地梳開。

2 從髮際線往後梳開

頭頂也要從髮際線往後腦勺梳開。利用逆著毛流梳開的方式，也比較容易讓毛囊的污垢跑出來。

3

用梳子按住頭頂畫「の」

頭頂很容易血液循環不良，可以把梳子壓在頭頂上畫「の」，徹底給予刺激。隨著改變位置，按摩整個頭頂。

4

由上往下、順著淋巴流動的方向梳頭

最後再從額頭的髮際線梳到後腦勺下面的髮際線，以促進淋巴循環。從頭頂梳到後腦勺，再從頭部兩側梳到後腦勺，不放過任何一個角落。

用梳柄按壓穴道，也很有效！

頭部有很多能改善肩膀僵硬或眼睛疲勞、血液循環不良的穴道，重點式加壓的話可以改善前述的症狀，讓你神清氣爽。要用梳柄按摩，記得使用前端圓圓的梳子。

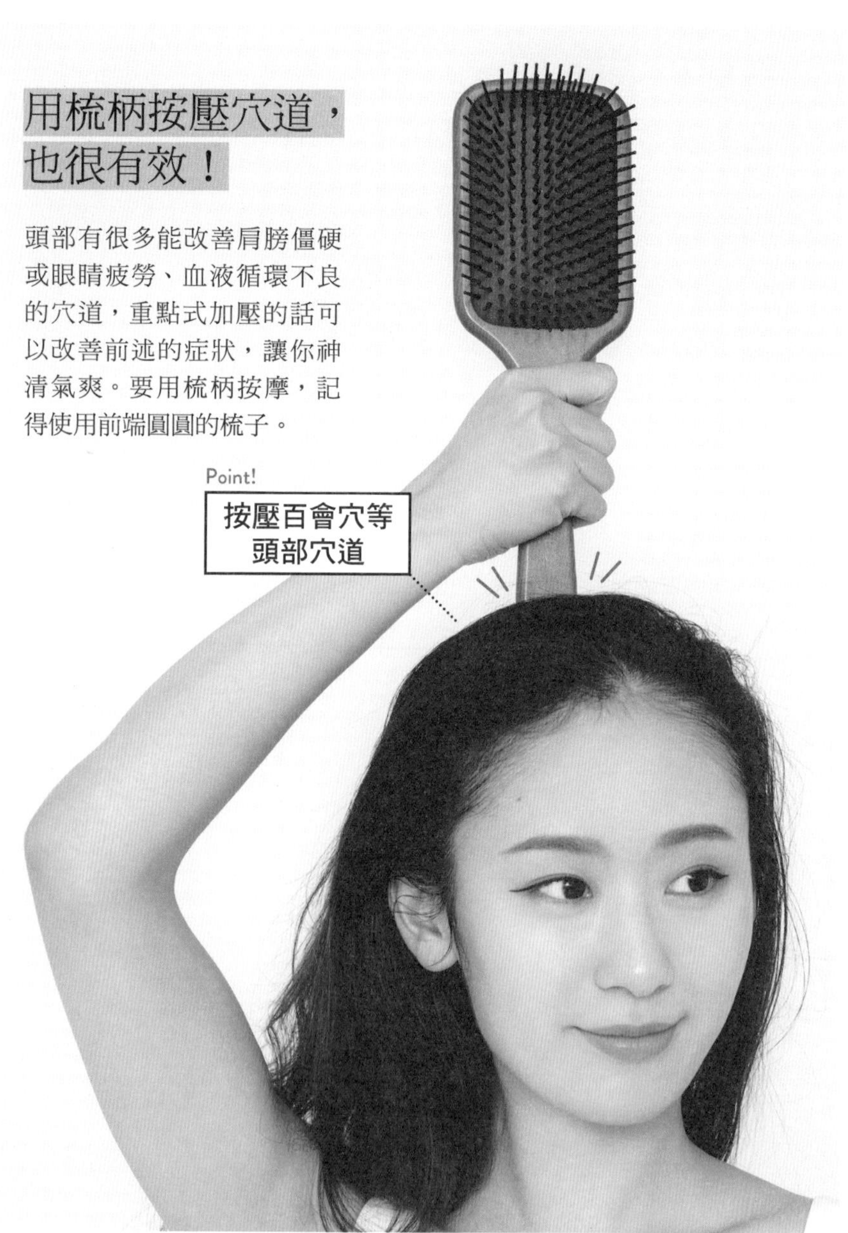

※穴道的位置請參照 PART 4（P100～）

PLUS ITEMS

使用頭皮專用的梳子

用梳子按摩頭皮時，建議選擇比較有彈性、梳齒的密度沒有那麼高的梳子。獸毛或造型用的梳子不太適合用來呵護頭皮，建議買一把專用的梳子來按摩。

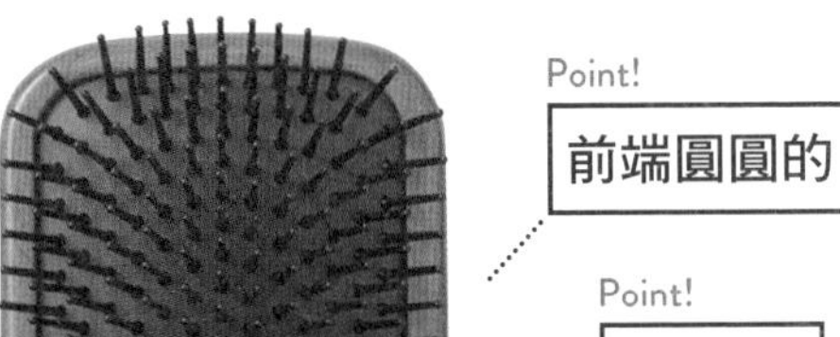

Point!
前端圓圓的

Point!
有彈性

Point!
大面積

梳面有氣孔，按壓頭皮時會發出「噗咻」一聲的設計。因為面積大、握柄長，所以很容易清潔保養。（木質髮梳／AVEDA 肯夢）

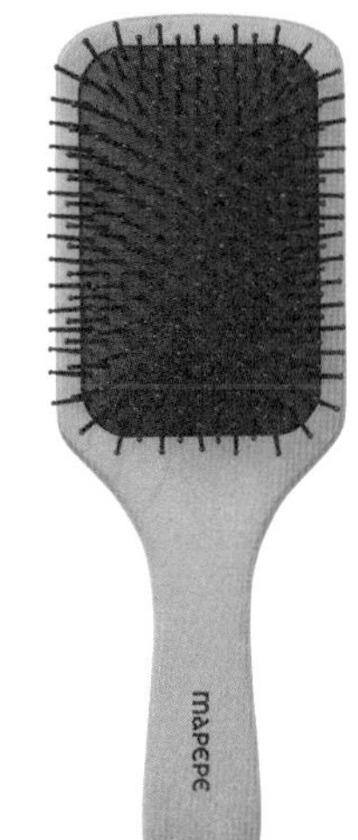

很有彈性，能給予頭皮舒服的刺激。梳子的面積很大，梳一次就能按摩到相當大的範圍。（maPEPE 頭皮健康按摩梳／Chantilly）

線圈狀的梳子能促進頭皮的血液循環，可以在梳頭髮的同時按摩頭皮。（山毛櫸頭皮防護髮梳 ACCA KAPPA）

改變洗頭方法
改善白髮、掉髮

為了改善頭皮環境、培養健康的髮絲，要把重點放在清洗頭皮、而不是頭髮。仔細地洗乾淨頭皮，再順便沖乾淨頭髮就夠了。把時間花在第一次清潔與沖洗上。

1 用溫水進行第一次清潔，沖掉污垢

用溫水（38 ～ 40 度）沖掉附著在髮絲上的灰塵及皮脂，同時揉搓頭皮，徹底地沖洗內側，就能洗掉 7 ～ 8 成的污垢。

2

將洗髮精在手上揉搓至起泡

先在手上將洗髮精揉搓起泡，泡沫不用太多也可以。

3

用指腹揉搓整片頭皮洗淨

把起泡的洗髮精抹到頭髮上，用指腹按摩頭皮，讓泡沫均勻分布在整片頭皮上。溫柔地揉搓洗淨，不要用指甲抓。

4

加上放鬆頭部的按摩

此時頭部的血液循環比平時好，加上「頭部按摩」，效果更好。即使沒有時間，也能在洗頭的同時順便放鬆頭部，同時消除疲勞。

5

仔細清潔容易忽略的髮際線、後腦勺、耳後

髮絲密集生長的後腦勺，有很多經常洗不乾淨的地方。髮際線及耳後很容易累積污垢，要提醒自己洗乾淨。也可以事先決定好洗頭的順序。

6

伸入手指，徹底沖洗乾淨

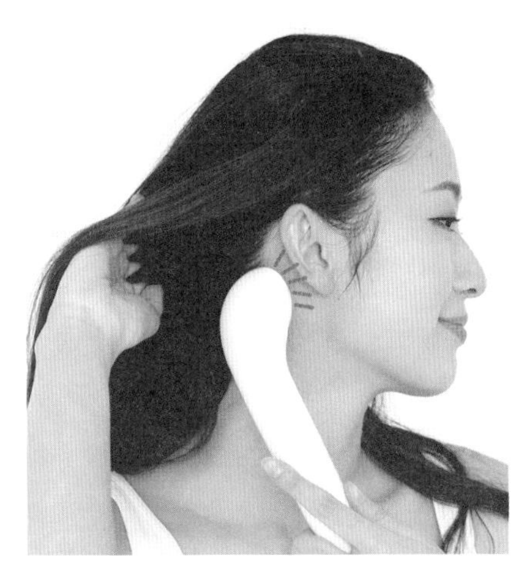

將手指伸入髮絲內側，邊揉搓頭皮邊沖洗乾淨，頭皮容易搔癢或有味道，都是因為沒沖乾淨。耳朵後面及後腦勺很容易沖不乾淨，請特別注意！

7

潤髮時，要一撮一撮地抹上潤絲精

幫忙修補毛鱗片、具有保濕效果的潤絲精，絕對不能沾到頭皮。先抹在頭髮中間～髮尾，再一撮一撮地輕輕揉搓，好讓頭髮吸收。

8

隔幾分鐘再沖掉

等到每根髮絲都吸收了潤絲精，靜置 2 ～ 5 分鐘，讓頭髮吸收。再用溫水沖乾淨，直到不再滑滑的為止。

改變吹頭髮的順序
讓頭髮豐盈柔亮

可以用吹風機及造型來改善毛躁分岔或捲翹、髮量稀疏等等問題。請以豎起髮根的方式吹乾，再用拉直頭髮、均勻熱風的方式來吹出光澤。

☑ 避開分線，將頭髮撥向左右兩邊，把髮根吹乾

由平常的分線反方向撩起頭髮，用暖風吹乾髮根。左右兩邊輪流撩起頭髮，以豎起髮根的方式把頭髮吹膨。

☑ 輕輕拉直髮絲，吹出光澤

吹到 8 ～ 9 成乾後，輕輕地抓住髮尾，從斜上方用吹風機的暖風吹順頭髮。順著吹可以修護角質層，製造光澤感。

☑ 將頭髮由後往前撥，定型

如果是短髮～中長髮，將頭髮由後往前撥，加以吹乾，髮型就會順著圓圓的頭形呈現。髮絲會輕輕柔柔的落在臉周，還能讓臉看起來更為小巧。

☑ 對著脖子吹暖風，促進血液循環

把吹風機拿到 15 ～ 20cm 左右的距離，用暖風吹熱脖子。可以緩解脖子的緊張、促進血液循環，改善頭部僵硬的問題。藉此將頭皮調理成可以長出健康髮絲的環境。

＼＼ 村木式獨家保養法，
不藏私大公開！ ／／

每天持續按摩，頭皮健康一定能改善！

「在幾年前接受了乳癌的治療，
頭皮和頭髮的狀況變得很糟。」

頭髮會隨著年齡增長，開始變細、變稀疏，還會失去光澤，不過，我平常就會充分地進行自我養護，得以保住頭髮的豐盈與光澤，也深刻地感受到天天頭部按摩的重要性。

大約七年前，我得了乳癌，接受放射線治療之後，我開始踏上自我養護之路。身體上出現了各式各樣不舒服的症狀，頭皮和頭髮也有很多狀況，因為沒有接受抗癌的藥物治療，頭髮不至於掉得很誇張，但是出現了以往從未看過的大量頭皮屑，髮量減少、頭髮變細，捲翹的頭髮也變多了，感覺自己一口氣老了好幾歲。無論是身為美容師還是身為女性，我都受到相當大的打擊。

當體力恢復到一定的程度，我開始用獨家的「頭部按摩」來保養。除了放鬆緊繃的頭部、促進血液循環外，我也重新審視飲食及睡眠、運動等生活習慣。頭皮的狀態逐漸獲得改善，髮絲也恢復柔亮豐盈，甚至感覺現在的狀況比生病以前還好。當然，我也合併「臉部按摩」來進行臉部的調養，所以皮膚的狀態也變好了。

我透過自身的經驗，體會到只要持續確實地保養，即使是損傷得很嚴重的髮絲和頭皮也會恢復光彩。想當然爾，有沒有效果、有多大的效果會因為不同的條件而異。然而，不要因為「畢竟也上了年紀」就放棄，請試試「頭部按摩」，並且持之以恆，說不定能恢復到跟年輕的時候一樣，也有可能膚質和髮質比年輕時更好喔。

讓頭皮和頭髮
恢復健康的 4 個關鍵

☑ 每天都要做頭皮按摩

我在生病前就每天都進行自我養護，生病後更專注於放鬆頭部，促進血液循環，努力打造良好的頭皮環境，便於長出健康的頭髮。除了洗頭及夜間的保養時間，我還會抓緊時間利用空檔進行「頭部按摩」。

☑ 多攝取蛋白質、維生素 B 群、鋅

頭髮主要是由蛋白質構成，要積極地攝取蛋及豆類、紅肉和魚等等優良的蛋白質。此外，也要從飲食或營養補充品好好地補充有助於促進蛋白質的合成與代謝的維生素 B 群、促進血液循環的維生素 E，以及可以預防掉髮的鋅。減少食用會讓頭皮糖化氧化的甜食和油膩的食物。

☑ 提升睡眠品質

醒著的時間愈長，表示頭部處於緊張的狀態愈久。睡眠時會分泌有助於消除疲勞、修復細胞的成長荷爾蒙，所以睡眠對於調整頭皮環境也很重要。為了睡得好，可以加上助眠的香氛精油或含有褪黑激素的營養補充品。就寢前一個小時關掉手機，徹底放鬆。

☑ 培養固定運動的習慣

為了促進頭部的血液循環，活動身體、讓全身的氣血都循環得更好，也是不可或缺的要素，所以我會定期地上健身房接受專業教練的一對一訓練。去完健身房不妨順便去躺一下氧氣艙，還能一口氣消除身體及頭部的疲勞喔。

PLUS ITEMS

專家推薦使用的護髮產品

為了維持健康的頭皮及具有彈性、光澤的頭髮，我推薦以下這些產品，會配合季節及當時的髮質狀態換著用。

洗髮精 & 潤絲精

炭酸洗髮精可以讓污垢浮出毛囊，促進頭皮的血液循環，還能防止女性隨年紀增長的體味問題。PLARMIA 碳酸洗髮精／MILBON

在美容院的推薦下開始使用。隨著年紀增長而開始失去朝氣的頭髮也恢復彈性，變成豐盈柔亮的秀髮。〈從右到左〉Aujua DIORUM 洗髮精、Aujua DIORUM 護髮乳

頭皮養護

梳子會釋放出低周波，利用舒適的刺激來放鬆僵硬、緊繃的頭部。也能用在臉和身體上，有助於緩解全身的緊張。

電氣活髮梳
/GM corporation

頭髮的抗 UV 產品

頭皮和髮絲都會受到紫外線的傷害，所以一年四季都必須防曬。噴霧式的產品很好用。

Aujua DAYLIGHT 噴霧
SPF50+/PA++++/MILBON

PART 4

按壓頭部穴道，改善身心不適的小毛病

肩膀痠痛及頭痛、心浮氣躁、熱潮紅……等，你是不是也有這種身體上或心理上的小毛病？「按壓頭部穴道」也是很有效的自我調理方法，只要按住一個點就好，所以隨時隨地都能做，非常方便。

按壓頭部穴道，重整自律神經

改善肩頸痠痛、頭痛、眼睛疲勞，同時減輕壓力、讓心情安定

「視線模糊」、「心浮氣躁」等等情況稱不上生病，但仍表示身體或心理的狀況不佳，為了改善這些問題，推薦大家按摩頭部的穴道。根據東洋醫學的說法，「精氣神」流經的通道，稱為「經絡」，在經絡上有很多穴道，可以透過刺激（按壓）以促進血液循環並提高自癒力。

頭部大約有五十個穴道，有助於改善掉髮、頭痛、肩膀痠痛、眼睛疲勞等等，主要出現在頭上或臉上的症狀。最為人所熟知的穴道，就是位於頭頂正中央的「百會穴」，具有改善自律神經失調、頭痛、暈眩等等症狀的效果。感覺壓力很大的時候，按一按頭頂，會立刻感覺神清氣爽許多。

之外，頭部還有幾個可以緩和不舒服症狀的穴道，以下將依各種症狀別，為各位介紹有助於解決這些狀況的穴道按壓。

只要按住一個點，就能有改善、緩解的效果，因此不用擔心會弄亂髮型；在搭乘捷運、工作的空檔、在咖啡館休憩的時候都能按壓，不用在乎旁人的目光，一旦覺得不舒服，就可以按壓一下。

Point!

按壓穴道的方法

按住 5 秒
放開 5 秒

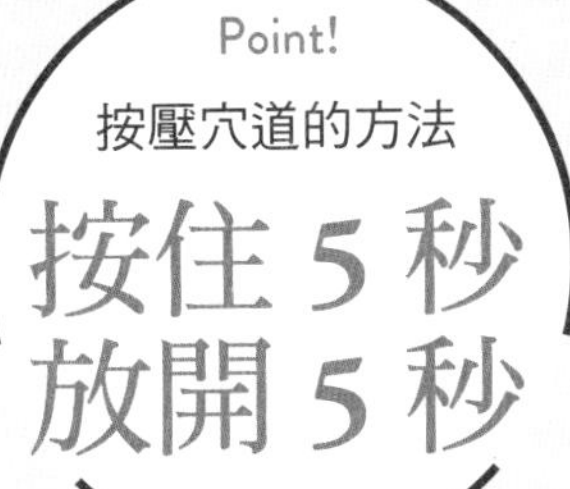

按壓穴道的時候，跟放鬆頭部一樣使用指腹，慢慢的垂直施加壓力。一邊吐氣一邊按壓 5 秒，再慢慢放開 5 秒。力氣不夠大的人也可以彎曲手指，用關節或是前端圓型的梳子握柄來按。記得要選用不會傷害頭皮的梳子。

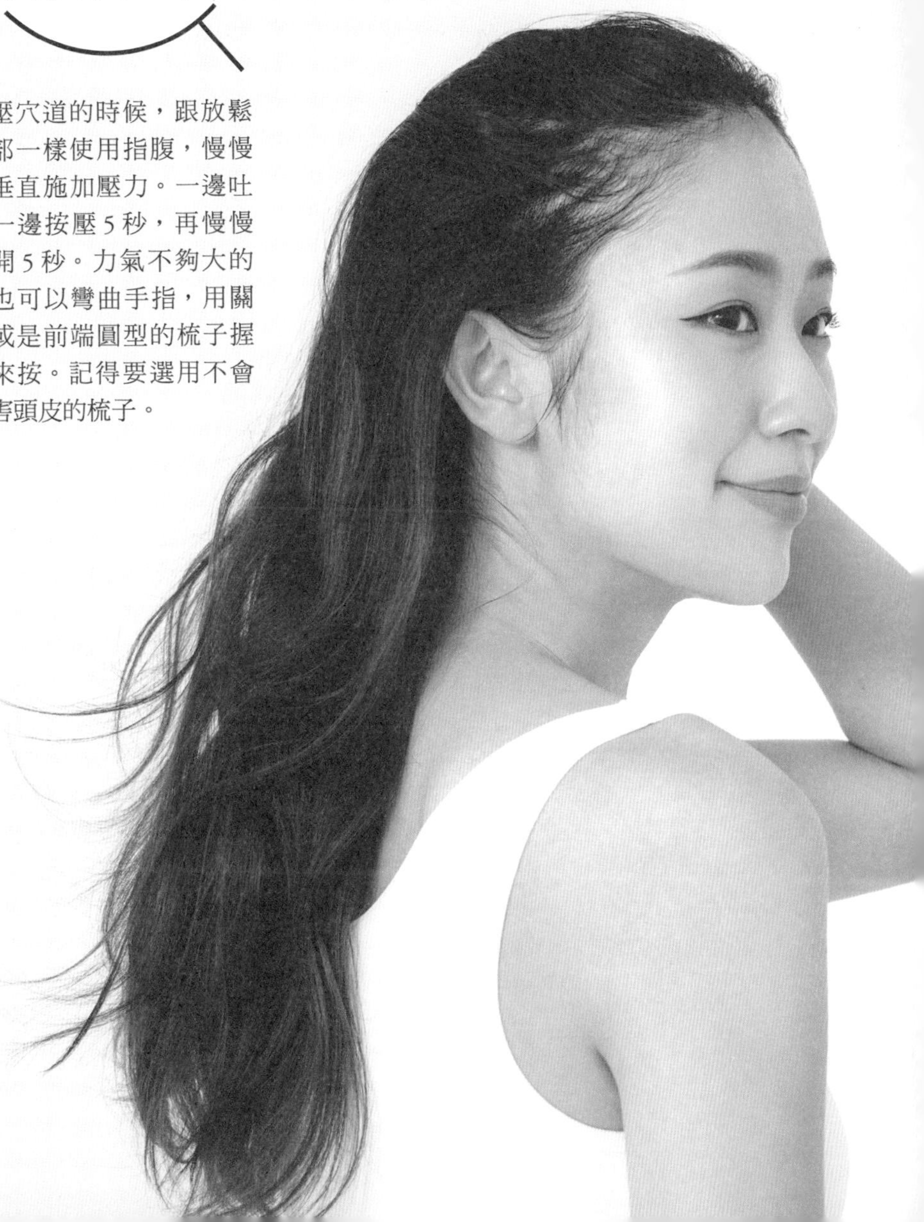

01

肩膀痠痛

「**風池穴**」——有助於改善因脖子前傾、導致血液循環不良的肩膀痠痛

按壓可以消除眼睛疲勞、促進脖子血液循環的「風池穴」，有助於改善肩頸僵硬的狀況。用大拇指施加壓力，慢慢地往上壓。

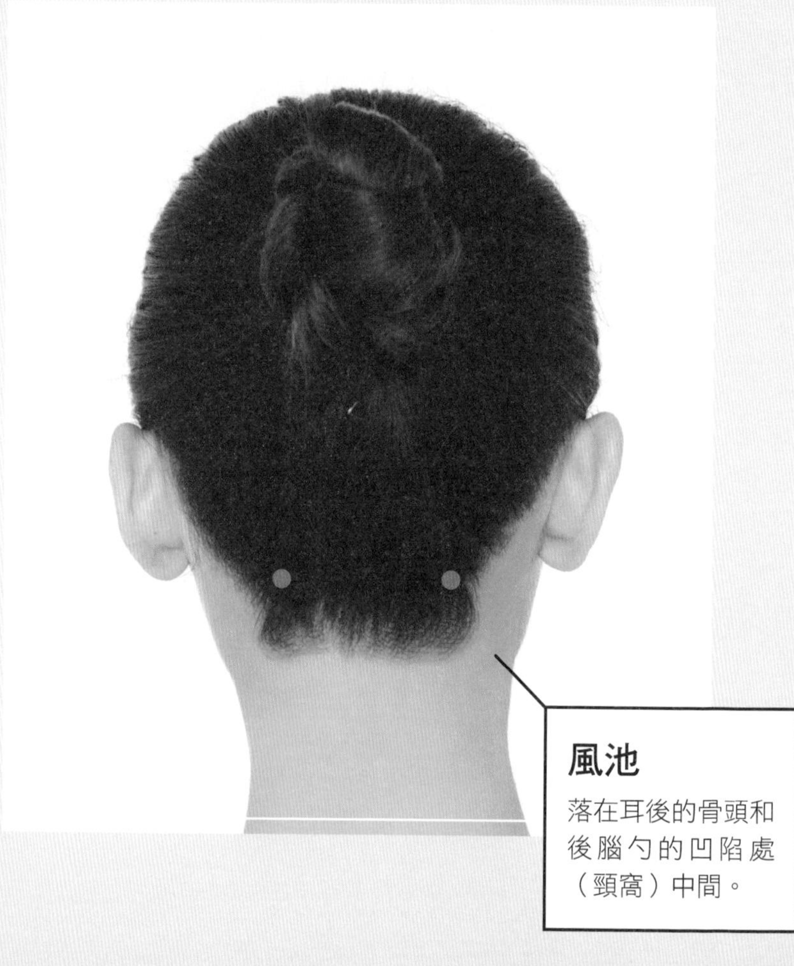

風池

落在耳後的骨頭和後腦勺的凹陷處（頸窩）中間。

02

頭痛

「**通天穴**」——改善頭部悶痛的問題，還有預防掉髮的效果

用中指按壓位在頭頂的「通天穴」，可以消除因為脖子緊繃僵硬而來的頭痛。還能促進頭皮的血液循環，也有預防掉髮的效果。

通天

從瞳孔上方的髮際線，往後約 4 ～ 5 根大拇指距離。

03

眼睛疲勞

「**頷厭穴**」——改善因血液循環不良而引起的視線模糊及偏頭痛

整天盯著手機或電腦、因壓力導致血流不暢的雙眼，用中指慢慢地施加壓力，以消除緊繃。

頷厭

把手貼在太陽穴上方的髮際線，張嘴閉嘴時會動的地方。

04

耳鳴

「**角孫穴**」——打通因頭部緊繃而堵住的耳朵

耳鳴的原因非常多，如果是因為頭部緊繃造成的話，按壓「角孫穴」很有效，還能促進淋巴循環。

05

熱潮紅

「百會穴」——有助調理自律神經，改善手腳冰冷但頭臉燥熱的狀況

熱潮紅是更年期的症狀之一，原因在於自律神經失調。萬能穴位「百會穴」可以讓心情平靜、但又不至於失去幹勁。

百會

位於頭頂，把左右兩邊的耳朵連起來，與來自眉間的延長線交會處。

06

心浮氣躁

「天柱穴」——改善因脖頸緊繃而連帶產生的精神疲勞

脖子後面的「天柱穴」，對於消除因為壓力或疲勞而導致的心浮氣躁很有效。可以放鬆緊繃的脖子、促進血液循環。

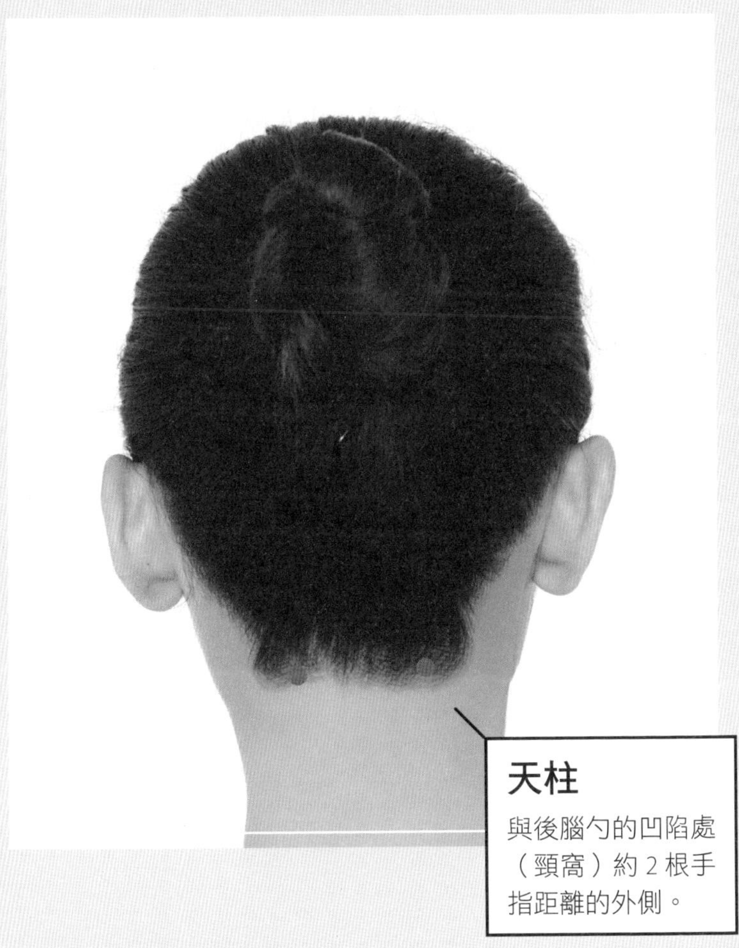

07

情緒低落

「神庭穴」——改善情緒不穩定或失眠

「神庭穴」具有緩和心浮氣躁及不安、情緒低落的效果；也推薦給自律神經失調、睡不著的人。

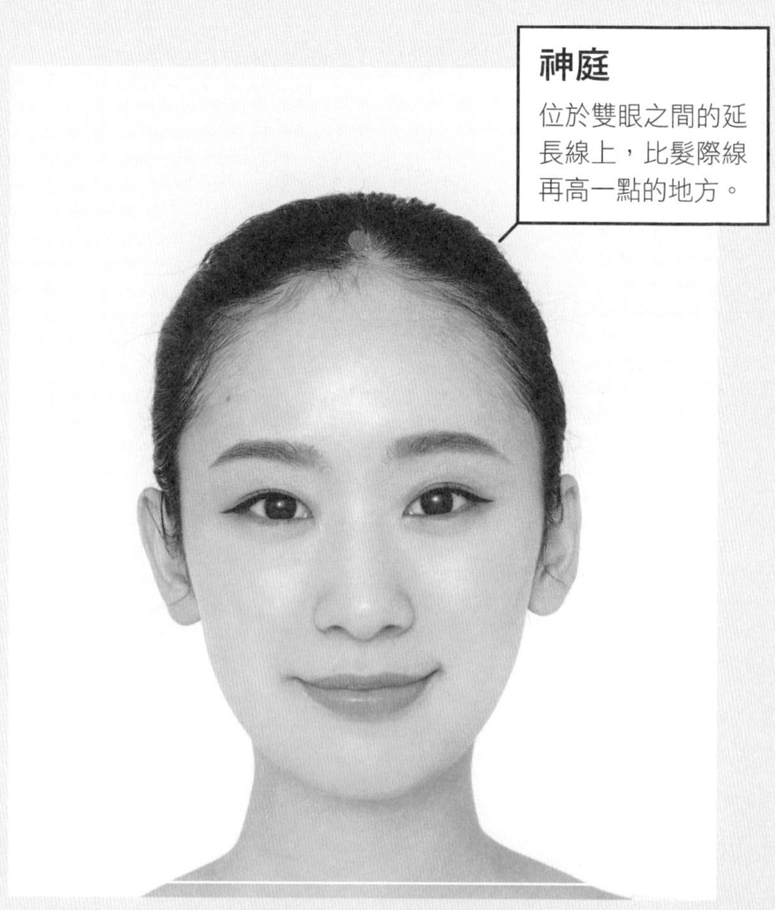

神庭

位於雙眼之間的延長線上，比髮際線再高一點的地方。

PART 5

放鬆背部和頸部，頭部按摩效果 UP!

不正確的姿勢，也是造成頭部緊繃的主要原因。緩解頸部和背部的僵硬，就能改善並預防頭部緊繃的問題。也有很多人不知道自己已經很僵硬了，請養成每天保養的習慣，同時還能大大提高「頭部按摩」的效果。

從放鬆頭背開始，立刻改善頭部緊繃

為了增加「頭部按摩」的效果，建議也要同時放鬆頭部及背部。在美容沙龍為顧客保養按摩時，常常發現只要先放鬆了頸部和背部，頭部的緊繃就會有明顯地改善、臉部也會隨之緊實。

如果每天長時間使用手機或電腦，下巴會不自覺地往前突出，導致連接後頸及肩膀的肌肉被拉得太緊，變得硬梆梆。如果背部的肌肉再繼續往前拉，動作就會變得遲鈍，相連的頭頸部肌肉也變得僵硬，導致臉部鬆弛。

人類在活動的時候，很少會主動用到背部，手也摸不太到，是很難照顧的部位。等到感覺疼痛或不適，通常都已經很嚴重了，例如已經繃得太緊、肩胛骨前傾、肩膀抬不起來等等。

頭和頸部、背部的肌肉是連動的，在「頭部按摩」前先放鬆背部，也會比較容易改善頭部的緊繃。而如果背部的動作夠靈活，也能提升從背後拉提臉部的力量，此外還能消除肩膀的痠痛，胸口也會打開，姿勢自然會變得端正，好處多多。建議大家都能配合「頭部按摩」，養成放鬆頸部和背部的習慣。

首先，放鬆頸部

一旦駝背、頭往前傾，原本應該形成圓弧狀的脖子就會被拉直、變得僵硬，無法分散頭的重量，對頸部造成相當大的負擔，很容易緊繃。淋巴的循環也會堵住，所以請好好地放鬆頸部。

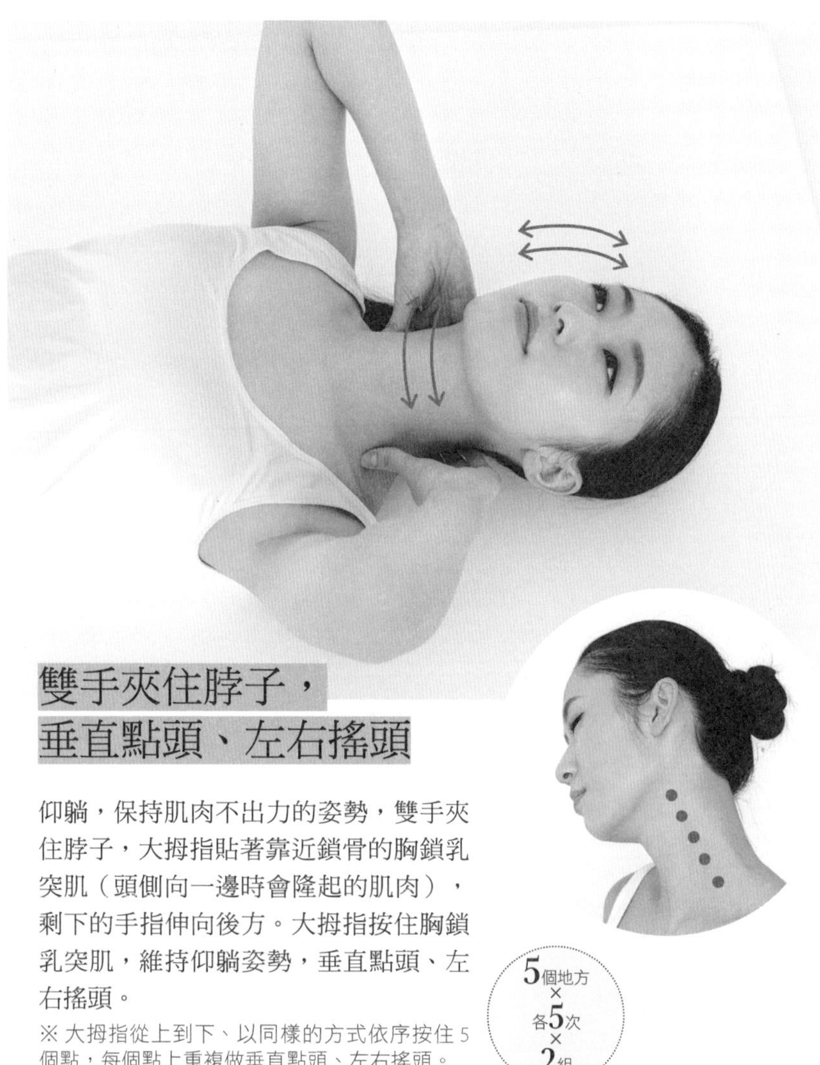

雙手夾住脖子，垂直點頭、左右搖頭

仰躺，保持肌肉不出力的姿勢，雙手夾住脖子，大拇指貼著靠近鎖骨的胸鎖乳突肌（頭側向一邊時會隆起的肌肉），剩下的手指伸向後方。大拇指按住胸鎖乳突肌，維持仰躺姿勢，垂直點頭、左右搖頭。

※ 大拇指從上到下、以同樣的方式依序按住5個點，每個點上重複做垂直點頭、左右搖頭。

放鬆背部（1）

網球放鬆肩胛

由於手不容易摸到背後，以下為各位介紹利用網球刺激肌肉深處的方法。藉由放鬆肩胛骨四周，讓頸部及頭部的肌肉都能得到放鬆。

1 仰躺，把網球放在肩胛骨邊緣

仰躺，把硬式網球放在一邊的肩胛骨邊緣，手臂往正上方伸直。

2 收回手肘，刺激肩胛骨四周

左右
4個地方
×
3次

夾緊腋下，將手肘筆直地往下拉，給予肩胛骨的深層刺激，藉此放鬆肩胛骨。移動網球的位置，左右各放鬆 4 個地方。

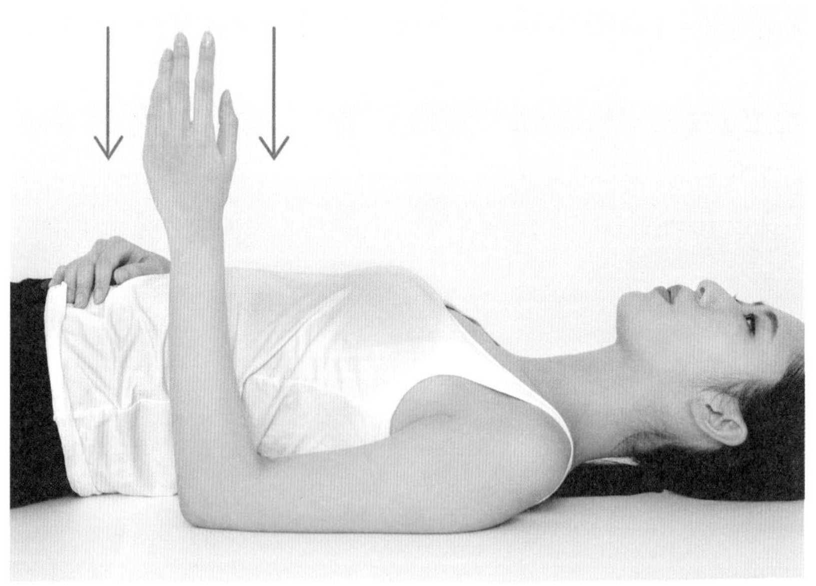

放鬆背部（2）

雙手撐牆伸展肩背

感覺背後很緊、很不舒服的時候，可以利用牆壁做伸展操。伸展整個背部，給予肩胛骨恰到好處的刺激，也很適合久坐辦公桌的人來做。

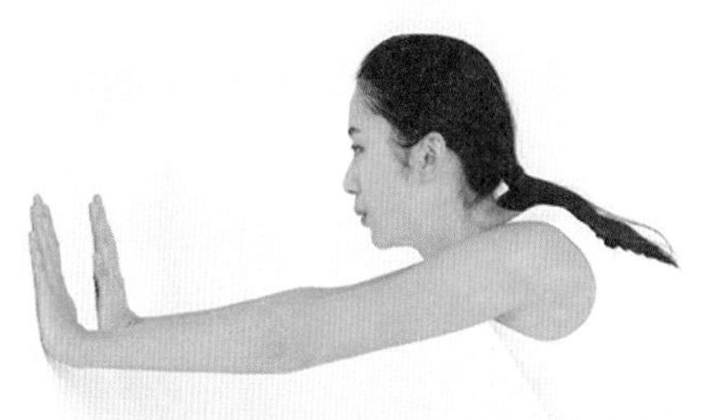

1

雙手撐著牆壁，屁股翹起來，伸展背部

離牆壁約兩大步，雙腳打開與肩同寬，雙手撐著牆壁。屁股翹起來，伸直手肘，伸展到背部幾乎彎成倒 C 字形，停留 10 秒。這時臉要面向牆壁，不要看著地上。

10秒
×
3次

2 臉面向牆壁，輪流下壓左右兩邊的肩膀

放鬆背部後，右肩往下壓，伸展 10 秒。再繼續放鬆，左肩往下壓，伸展 10 秒，重複以上的動作。

左右
10秒
×
3次

放鬆背部（3）

肩膀手臂扭轉伸展

為了改掉肩膀朝向內側、縮成一團的姿勢，不妨做點伸展腋下、打開胸口的伸展操。可以緩解手臂到肩胛骨的緊張，肩膀痠痛的症狀也會好轉。

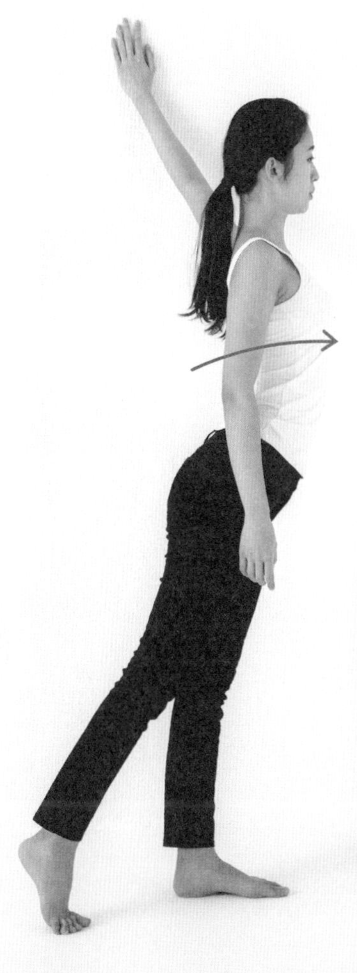

站離牆壁兩大步遠，單手貼著牆壁，腳往前跨一步，身體往前傾

伸直左手，貼在牆上，左腳往前跨出一步，踩穩腳步，身體往前傾，從手臂到腋下用力地伸展 10 秒。重點在於伸展的時候臉要朝向正前方，背挺直。右側也以同樣的方式伸展。

獨家！

逆齡奇蹟「頭部按摩」Q&A

2

不需要塗抹按摩油嗎？

A 按摩時並不是垂直地施加壓力，基本上不需要用按摩油

不同於促進淋巴循環的按摩手法，村木式頭部按摩是針對深層的肌肉加以放鬆，所以在按摩頭和臉時，都不需要使用有助於潤滑的按摩油或乳液。唯一的例外是按摩脖子到鎖骨的淋巴（P41）時，請先塗抹助滑的按摩油。

什麼時候最好不要做頭部按摩？

A 請避開頭痛、發燒和皮膚不適

身體不舒服的時候請不要勉強，好好休息。也要避開頭皮或臉部皮膚發炎及發熱、紅腫的時候。肩頸痠痛時，同時做「頭部按摩」的話，能改善緊繃的狀態，很推薦大家試試看。此外，如果在孕期中，可以視身體的狀況來按摩。

有沒有更有效的方法？

A 天天持續按摩，就能有驚人的改善！

雖然做一次就能見效，為了持續維持良好狀態，請將按摩當成生活中的一部分，每天執行。坐著可以做，站著也可以做，但是最好保持背挺直、面向前方的狀態，在放鬆的情況下進行，不要憋住呼吸。

PART 6

減輕臉部紋路，打造小臉逆齡的生活習慣

長時間使用 3C 產品導致用眼過度、睡眠品質不佳等等，這些現代社會無法避免的狀況，很容易讓頭部的肌筋膜緊繃。稍微改變幾個生活習慣，避免頭頸肩背緊繃、讓身體不要太快累積疲勞，對於改善臉部的顯老線條也很重要喔。

這些壞習慣，讓臉上紋路難以消除！

我每天都會做「頭部按摩」，提醒自己要過著「不讓頭部緊繃」的生活。以下是幾個我在美容沙龍及演講上提到的，生活中需要多加留意的地方。只要改變以往的壞習慣，不只臉，就連頭髮和心情，都會變得更有活力。

特別希望大家注意使用手機或電腦時的姿勢，頭部緊繃往往源自不良的姿勢，讓我們養成好習慣，在使用手機或電腦時，保持讓頭、頸、肩膀不容易緊繃的姿勢。

另外，我們也要留意睡眠環境。其實有很多人是在睡覺的時候讓頭部緊繃的。如果在神經或筋肉緊張的狀態下睡著，不僅無法消除頭及身體的緊繃，還會變得淺眠，導致睡眠不足或心浮氣躁，結果讓頭部更容易緊繃，陷入惡性循環。重點在於重新審視睡眠的姿勢，打造一個容易入眠的環境。

我也建議大家可以在利用做家事或工作的空檔，或是坐車的時間，養成放鬆頭部的習慣，在接下來的內容，我會提出幾個簡單就能完成、讓身心神清氣爽的方法。

戒除壞習慣、養成有益身體的習慣，是消除頭部緊繃、避免鬆弛、避免長出皺紋等等「看起來顯老訊號」的不二法門。

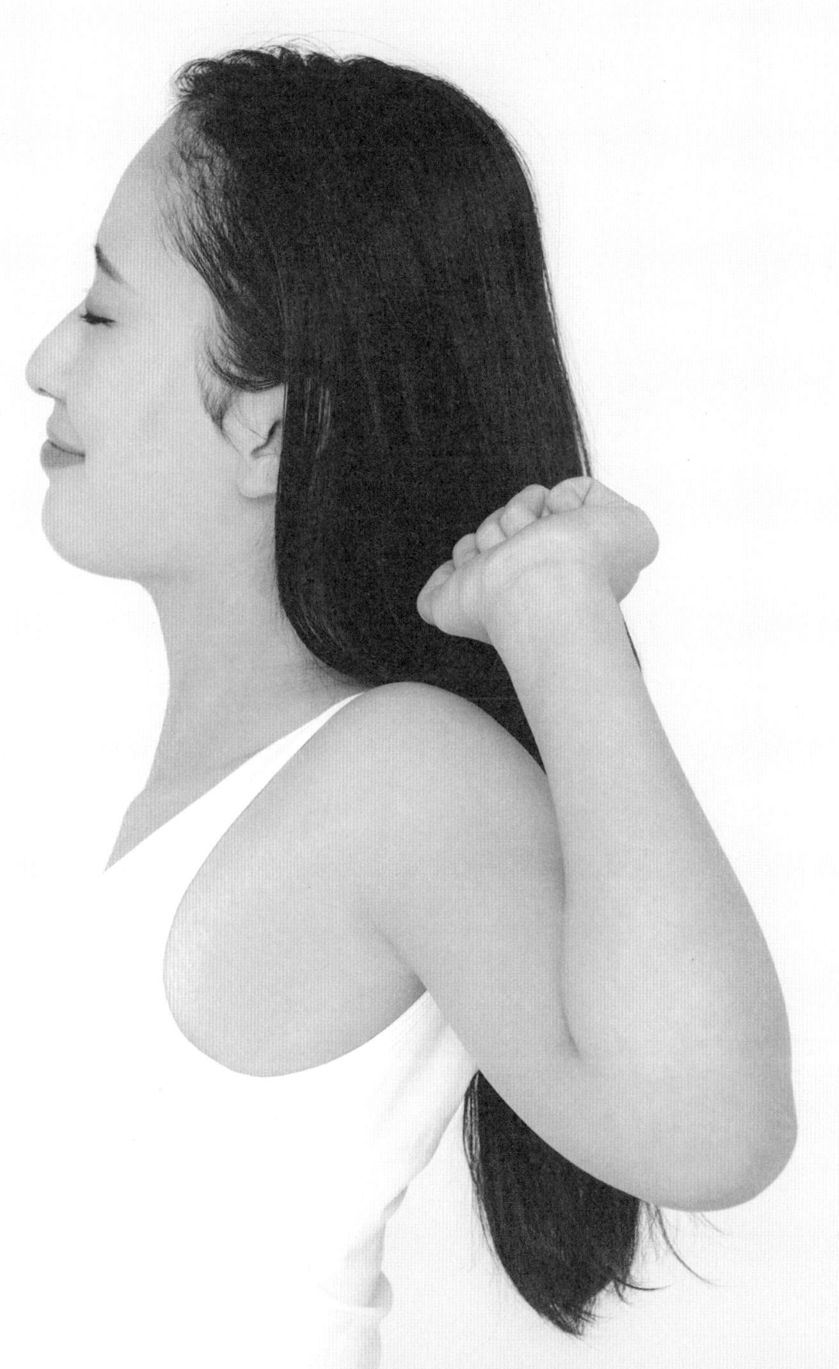

2種姿勢，立刻改善頭部緊繃

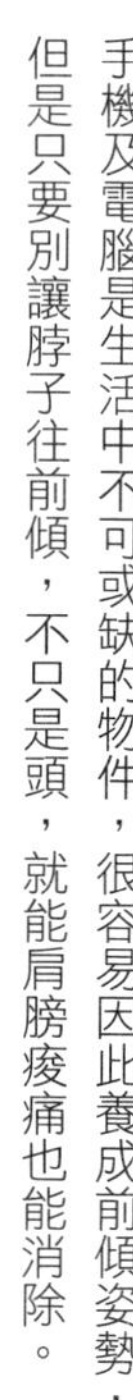

手機及電腦是生活中不可或缺的物件，很容易因此養成前傾姿勢，但是只要別讓脖子往前傾，不只是頭，就能肩膀痠痛也能消除。

☑ 站著打電腦

站著打電腦，背肌就不會緊繃、縮成一團。改用立桌，或者是在桌上擺一個小架子墊高，將螢幕調整到腰不至於彎得太低的位置。

NG！

不要把手肘撐在桌上，這樣會導致彎腰駝背，同時會不自覺地抬高下巴打電腦。坐著的時候，讓骨盤直立回正，避免彎腰駝背、左右不對稱的姿勢。

☑ 沒拿手機的那隻手夾在腋下，

面向下方會對背部造成負擔，請把手機螢幕拿到比眼睛高度稍微再下面一點的位置，另一隻手夾在腋下，保持支撐拿手機那隻手的姿勢。揚起嘴角的目的是預防嘴角下垂。

NG!

下巴往內收、低頭向下地盯著手機螢幕看，是經常可以在捷運上看到的畫面，也是造成頭部及脖子痠痛的原因，也會害脖子血流不暢，導致淋巴的循環變差，還會讓臉浮腫。

4個日常就能做的放鬆頭部習慣

以下是可以在工作的時候不被同事發現，偷偷做的簡單「頭部按摩」。藉由頻繁地放鬆頭部，你會發現工作情緒比以往穩定，效率也提高許多喔！

☑ 用原子筆按摩頭部

用原子筆或簽字筆的尾端按壓髮際線或耳朵上方、以及刺激後頸髮際線，就能放鬆緊繃的部分，讓自己神清氣爽。也可以用尾端有橡皮擦的鉛筆來按摩。

☑ 用椅背放鬆
後腦勺及脖子的肌肉

大拇指貼著胸鎖乳突肌（P66），剩下四根手指放在頸窩，施加壓力。只要靠在椅背上或利用頭的重量加壓，不需要用力也能放鬆。

☑ 手肘撐在桌上，放鬆緊繃的頭部兩側

手輕輕握拳，平坦的那一面貼著頭的側面。手肘撐在桌上，擺出想事情的姿勢，刺激頭部側面。利用頭的重量，確實地施加壓力按摩。

☑ 利用洗頭或梳頭的時候按摩

像是撩起頭髮似地把手插進髮際線裡，用指腹從耳朵後面按壓到脖子，此舉可促進循環，也具有放鬆的效果。

調整就寢環境，利用睡眠時間放鬆

明明睡了很久，起床的時候還是覺得很累，一定是睡覺時的姿勢不正確，頭和身體太緊繃，睡眠品質也很差，可能會讓全身都不舒服，所以請特別注意睡眠品質和環境。

☑ 用兩條毛巾當枕頭，調整 到最適合自己的高度！

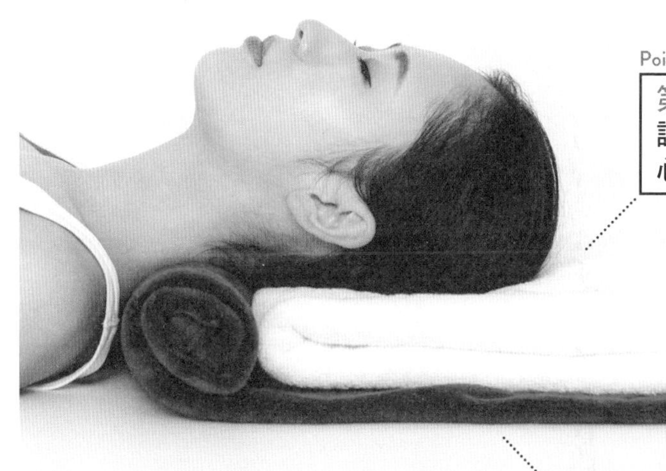

仰躺是比側躺更理想的睡姿，重點在於脖子不要用力，讓眉心的高度與床板平行。建議用幾條毛巾代替枕頭，以便能細微地調整高度。

把第一條毛巾的一邊捲成可以填滿脖子與床板空隙的高度，另一邊攤平，讓頭躺上去。

第二條毛巾則墊在後腦勺底下，將眉心的高度調整到與床板平行。這麼一來肩頸和呼吸都很輕鬆，有助於熟睡。

讓頭部愈睡愈緊繃
的 3 種姿勢！

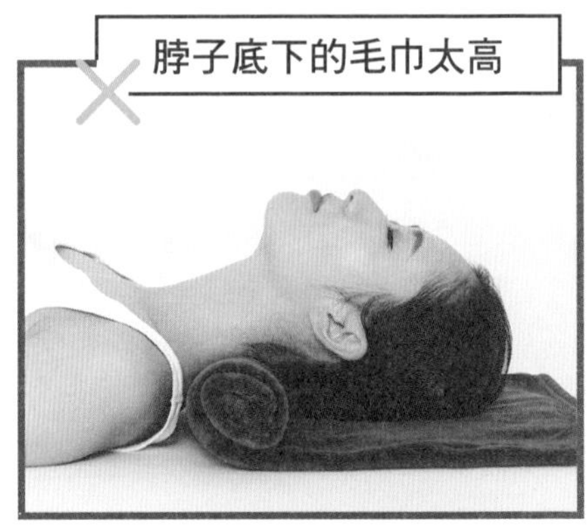

脖子底下的毛巾太高

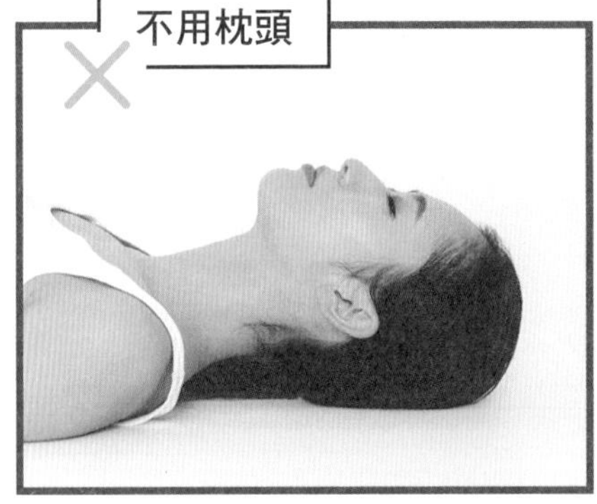

不用枕頭

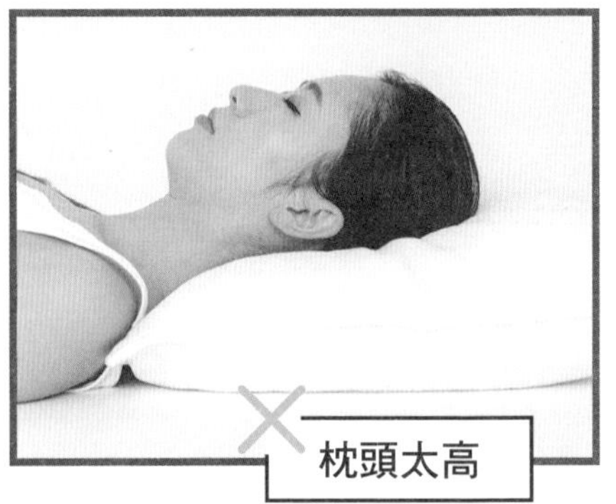

枕頭太高

NG！

枕頭太高、眉心的高度未能與床板平行的話，脖子會不必要地用力，導致血液或淋巴的循環變差、頭部緊繃。但如果不睡枕頭，脖子底下有空隙的話，肌肉會太緊張，導致頭部緊繃，這樣也不行。

習慣側睡的人，用這個方法改善

☑ 填滿脖子、腰際、雙腿之間的空隙

☑ 睡前1小時不碰手機

手機或電腦螢幕發出的藍光是類似陽光的強光，夜晚沐浴在這種強光下，會搞亂生理時鐘，導致身體不曉得什麼時候該進入睡眠狀態。提早關手機，或是別把手機帶到床上！

☑ 睡前溫熱雙眼

有太多資訊都要透過雙眼來吸收，醒著的時候難免用眼過度，導致眼睛周圍的肌肉太緊張，可以用加熱過的毛巾溫熱雙眼，舒緩緊張，進入放鬆模式。

☑ 起床後立刻沐浴在晨光下

就算睡覺的時間很不固定，也要盡可能定時起床，沐浴在晨光下。此舉可以調節生理時鐘，還能促進褪黑激素的分泌，有助於調整夜間的睡眠節奏。

借助香氛精油的威力放鬆緊繃

可以藉由嗅聞自己喜歡的香味，調整自律神經，使之平衡，讓身心同時得到放鬆，順利切換成由副交感神經作主，讓身體進入準備睡覺的狀態。除此之外，還能消除大腦的疲勞，自然緩解頭部的緊張，有助於睡得又香又甜。

不妨善用容易入眠、有助於提高睡眠品質的香氛精油，可以用化妝棉沾取，放在枕邊，也可以沾在睡衣的衣領上。

北海道冷杉是冷杉的一種，香味具有洗森林浴般的放鬆效果，能讓呼吸變得平靜輕柔。

北海道冷杉菁華油標準瓶/FUPUNOMORI

由依蘭依蘭與柑橘系精油混合而成，推薦給早上醒不來的人。

THE PUBLIC ORGANIC SUPER DEEP NIGHT 複方精油枕頭噴霧 CLEAR AWAKE ／ COLOURS

薰衣草及洋甘菊溫柔的香味可以讓身心處於放鬆舒緩的狀態。滾珠瓶的包裝非常好用。

甜蜜夢境滾珠精油 / 尼爾氏香芬庭園

有助於熟睡的放鬆呼吸法

在脖子或胸口僵硬的情況下睡覺的話，呼吸就會不順。請改用鼻子呼吸，有助於放鬆肌肉，讓副交感神經占上風，就能睡得深、睡得熟、睡得香甜。

☑ 按摩肋骨間，放鬆緊繃的肌肉

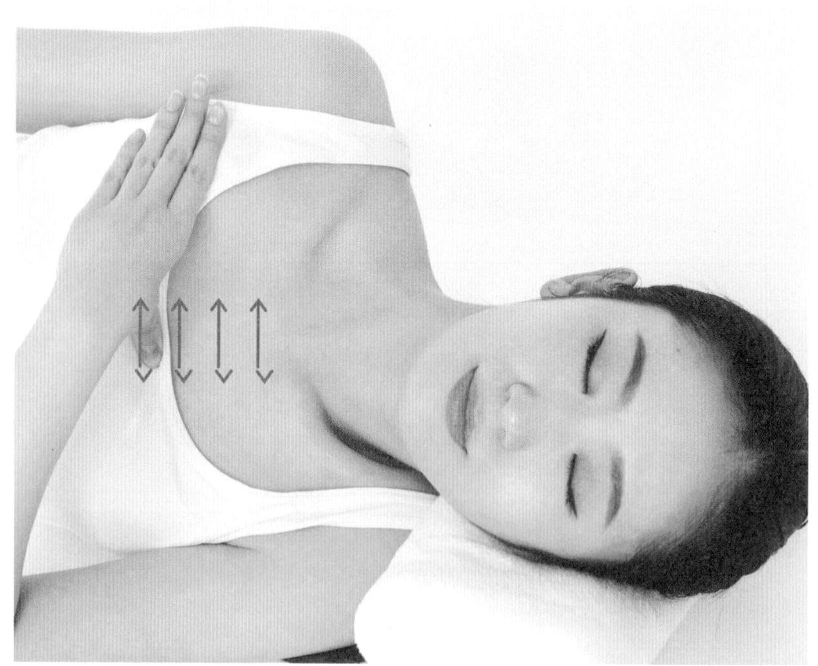

人體處於前傾的姿勢，脖子到鎖骨都會很緊張，呼吸時需要用到的橫隔膜就會變得不靈活。就寢前，只要放鬆緊繃的肋骨周圍，就能讓呼吸變得輕鬆。橫躺的時候請塞入毛巾進行調整，好讓頭部呈一直線。把大拇指放在肋骨的凹陷處，往兩邊移動，放鬆肌肉，並錯開位置、左右輕壓。

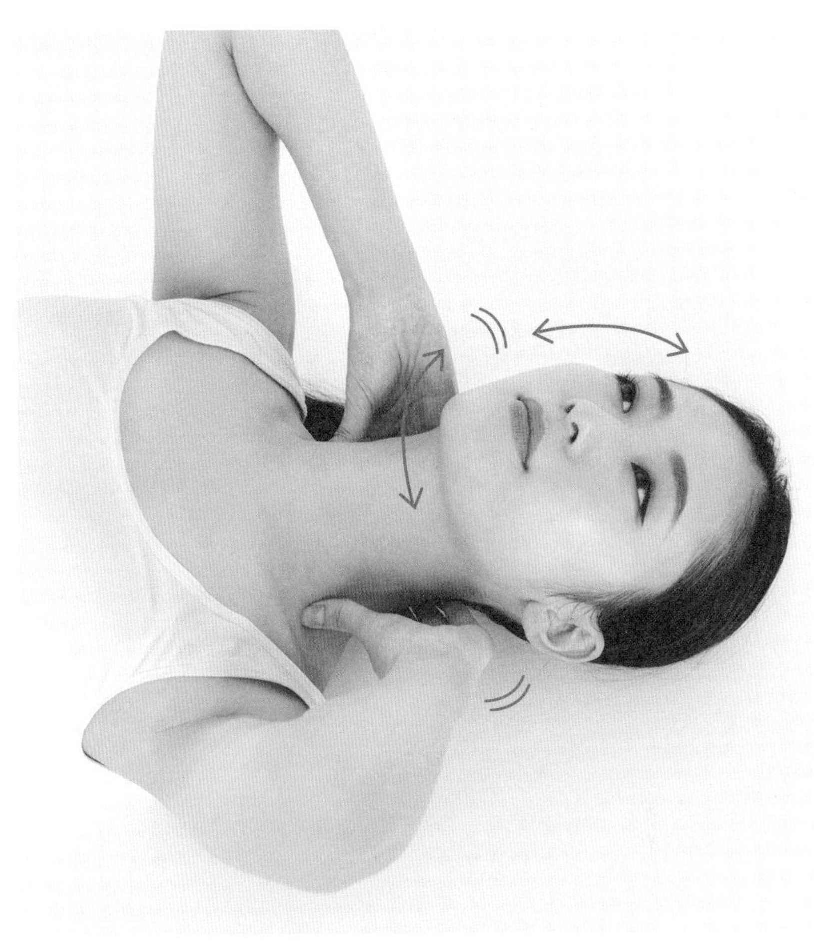

☑ 緩解脖子的緊繃

脖子之所以緊繃，是因為睡著的時候頭部太緊繃。用大拇指按住鎖骨上方的胸鎖乳突肌（P66），剩下四根手指繞到後方，夾住脖子。以上下點頭、左右搖頭的方式放鬆緊繃的部位。此外，先用溫過的毛巾或吹風機的暖風加熱脖子再睡也很有效。

☑ 換成用鼻子呼吸

深呼吸有助於調整自律神經、讓身體進入放鬆的狀態。提醒自己要深呼吸，用鼻子吐出體內的空氣，再用鼻子吸氣，慢慢地反覆用鼻子呼吸，就能打開副交感神經的開關，讓身體放鬆。

結語

最簡單的沙龍級保養，在家就能做

各位讀者，非常感謝你們讀了這本書。

在頭部放鬆以後，感覺如何呢？

頭皮硬梆梆、動彈不得、頭常常隱隱作痛……是不是很多人都有這些困擾？即使是平常不覺得「緊繃」的地方，也在不知不覺間變得好緊繃，甚至讓緊繃變得理所當然。

每天持之以恆，進行「頭部按摩」，持續努力，就會發覺臉部往上拉提、壓力消失不見，就連表情也變得生動了。慢慢的，頭髮及皮膚的狀態也會好轉。幾個月後，你一定會聽到身邊的人問：「最近好像變漂亮了?!」

隨著年齡的增長，膚質、髮質衰退，是很正常的事。不過，如果能持續進行有理論基礎的保養，延緩衰老、恢復年輕時原有的耀眼光芒，並非不可能的任務。

不管幾歲，「頭部按摩」都不會太遲。無論是外表、身體、頭髮，肯定都會比剛開始的時候更加美麗、健康。從今天開始「頭部按摩」吧！要視為每天的例行公事喔！

老化管理師・村木宏衣

驚人的 10 秒瘦臉逆齡奇蹟

減輕法令紋和雙下巴，緊實輪廓線！
不打針、不動刀，徒手打造「抗老臉」的微整形效果

作　　者／村木宏衣
譯　　者／賴惠鈴
封面設計／比比司設計工作室
內文排版／王氏研創藝術有限公司
選書人（書籍企劃）／黃文慧、賴秉薇
責任編輯／賴秉薇

〈日文原書工作人員〉

攝　　影／田形千紘、柴田和宣
插　　畫／佐藤末摘
模 特 兒／廣岡聖

出　　版／境好出版事業有限公司
總 編 輯／黃文慧
主　　編／賴秉薇、蕭歆儀、周書宇
行銷經理／吳孟蓉
會計行政／簡佩鈺
地　　址／ 10491 台北市中山區松江路 131-6 號 3 樓
粉 絲 團／ https://www.facebook.com/JinghaoBOOK
電　　話／ (02)2516-6892
傳　　真／ (02)2516-6891

發　　行／采實文化事業股份有限公司
地　　址／ 10457 台北市中山區南京東路二段 95 號 9 樓
電　　話／ (02)2511-9798　傳真：(02)2571-3298
電子信箱／ acme@acmebook.com.tw
采實官網／ www.acmebook.com.tw

法律顧問／第一國際法律事務所 余淑杏律師

ISBN ／ 978-986-06404-2-7
定　　價／ 330 元
初版一刷／ 2021 年 7 月

國家圖書館出版品預行編目資料
驚人的 10 秒瘦臉逆齡奇蹟：減輕法令紋和雙下巴，緊實輪廓線！不打針、不動刀，徒手打造「抗老臉」的微整形效果 / 村木宏衣著；賴惠鈴譯 . -- 初版 . -- 臺北市：境好出版事業有限公司出版：采實文化事業股份有限公司發行 , 2021.06
　面；公分 .--
譯自：10 秒で が引き上がる奇跡の頭ほぐし
ISBN 978-986-06404-2-7(平裝)
1. 美容 2. 按摩 3. 肌筋膜放鬆術

425　　　　　　　　　　　　　　　　　110006783

| 讀者回饋卡 |

感謝您購買本書，您的建議是境好出版前進的原動力。請撥冗填寫此卡，我們將不定期提供您最新的出版訊息與優惠活動。您的支持與鼓勵，將使我們更加努力製作出更好的作品。

讀者資料（本資料只供出版社內部建檔及寄送必要書訊時使用）

姓名：＿＿＿＿＿＿＿＿ 性別：□男 □女 出生年月日：民國＿＿年＿＿月＿＿日

E-MAIL：＿＿＿＿＿＿＿＿＿＿＿＿＿＿＿＿

地址：＿＿＿＿＿＿＿＿＿＿＿＿＿＿＿＿

電話：＿＿＿＿＿＿＿＿ 手機：＿＿＿＿＿＿＿＿ 傳真：＿＿＿＿＿＿＿＿

職業：□學生 □生產、製造 □金融、商業 □傳播、廣告 □軍人、公務
□教育、文化 □旅遊、運輸 □醫療、保健 □仲介、服務 □自由、家管
□其他＿＿＿＿＿＿＿＿＿＿＿＿＿＿＿＿

購書資訊

1. 您如何購買本書？
□一般書店（縣市 書店） □網路書店（書店） □量販店 □郵購 □其他

2. 您從何處知道本書？
□一般書店 □網路書店（書店） □量販店 □報紙 □廣播電社
□社群媒體 □朋友推薦 □其他

3. 您購買本書的原因？
□喜歡作者 □對內容感興趣 □工作需要 □其他

4. 您對本書的評價：（請填代號 1. 非常滿意 2. 滿意 3. 尚可 4. 待改進）
□定價 □內容 □版面編排 □印刷 □整體評價

5. 您的閱讀習慣：
□生活飲食 □商業理財 □健康醫療 □心靈勵志 □藝術設計 □文史哲
□其他＿＿＿＿＿＿＿＿＿＿＿＿＿＿＿＿

6. 您最喜歡作者在本書中的哪一個單元：＿＿＿＿＿＿＿＿＿＿＿＿

7. 您對本書或境好出版的建議：＿＿＿＿＿＿＿＿＿＿＿＿

正貼
郵票

境好出版

10491 台北市中山區松江路 131-6 號 3 樓

境好出版事業有限公司 收

讀者服務專線：02-2516-6892

減輕法令紋和雙下巴，緊實輪廓線

不打針、不動刀，徒手打造「抗老臉」的微整形效果

驚人的 10 秒瘦臉逆齡奇蹟